英国战列舰全史
1860–1906

The Complete History of British Battleships

江泓 著

中国长安出版社

图书在版编目（CIP）数据

英国战列舰全史：1860～1906 / 江泓著. -- 北京：中国长安出版社, 2015.1
ISBN 978-7-5107-0879-4

Ⅰ.①英… Ⅱ.①江… Ⅲ.①战列舰－军事史－英国－1860～1906 Ⅳ.①E925.61-095.61

中国版本图书馆CIP数据核字(2015)第028932号

英国战列舰全史 1860 - 1906
江泓 著

策划制作：指文文化
出版：中国长安出版社
社址：北京市东城区北池子大街14号（100006）
网址：http://www.ccapress.com
邮箱：capress@163.com
发行：中国长安出版社
电话：（010）85099947 85099948
印刷：重庆出版集团印务有限公司
开本：787mm×1092mm   16开
印张：13.75
字数：260千字
版本：2019年1月第3版 2019年1月第1次印刷

书号：ISBN 978-7-5107-0879-4
定价：99.80元

版权所有，翻版必究
发现印装质量问题，请与承印厂联系退换

出版说明

美国著名军事理论家阿尔弗雷德·马汉在其关于"海权论"的著作中曾经明确提出过,海权与国家兴衰休戚与共。一个国家能否成长为伟大国家,与她对海洋的掌控和利用密切相关。几千年来,中国人对陆地的痴迷远远超过对海洋的关注。这一方面是由于农耕文明的天性使然,另一方面也是由于中国人一直奉行与世无争的哲学思维的结果。尽管郑和下西洋宣示了天朝上国的皇恩浩荡,但是很快中国还是面对浩瀚大洋关闭了自己的大门,拱手放弃了对海洋的主权。于是,一次又一次,中国受到了来自海洋的威胁,荷兰人、英国人、法国人、日本人等等先后从海上向这个自诩为世界正中的国家发起攻击。在受尽欺侮之后,中国人终于慢慢意识到了海洋的重要性,尤其是海防对一个国家的重要性。从晚清开始,尽管受到国力所限,但是一代又一代的中国人对海防建设的重视程度逐渐提高。到今天,我们可以欣喜地看到,海洋文化和海防建设已经成为了一个非常热门的话题。尤其是在南海、东海、钓鱼岛等这些时时触动国人神经的问题尚待时日解决的环境下,可以预料与海洋有关的军事话题将持续获得国人的关注。

维护国家的海洋主权,毫无疑问最重要的力量莫过于海军。放眼全球,以美国、日本、英国、俄罗斯、法国、德国等为代表的海军强国都具有举足轻重的地位。这些国家的海军,现在或者曾经叱咤风云,在世界历史上留下了浓墨重彩的一笔。可以说,海军强国就是世界强国。作为海军的重要组成部分,海军舰艇又是维护海洋主权最有力的工具。而这些国家的海军舰艇,又是体现人类科技发展和历史进步的一面镜子。研究主要海军强国的军舰,既可以全面了解世界海军历史发展,也可以为中国的海军装备建设提供经验。这就是指文号角工作室的"指文·世界舰艇"图书大系出版的初衷。

我们力争将这套大系打造成为"高大上"的一套读物。这主要体现在:

一、全面。这套图书大系,力图梳理世界主要海军强国主力舰艇的全部发展历史,囊括了航空母舰、战列舰、巡洋舰、驱逐舰、护卫舰、登陆舰艇、鱼雷舰艇、潜艇等主要舰种,预计将出版40本以上。每本书都对相关内容进行极致而深入的介绍,每艘舰艇几乎都会涉及,每段历史也都尽量不错过。

二、通俗。我们不做学术性的专著,我们更不做地摊读物。我们瞄准的是具备一定海军常识的读者。所以我们不会长篇累牍地讲解某种军舰的技术特性,也不会只罗列一些数据。我们根据普通读者的兴趣点,会将一些枯燥的内容用通俗易懂的方式展现;我们更会在书中穿插介绍一些颇有意思甚至带有一点八卦色彩的话题。

三、实用。这套书系完全可以成为工具书,读者可以在其中查到所有舰艇的简单数据,也可以看到几乎每艘舰艇的图片。一书在手，相信读者能够对某国某种舰艇的发展产生清晰的印象，而不再人云亦云或稀里糊涂。

四、精美。得益于指文图书多年来的出版经验，此套大系排版设计极为精美，堪称国内同类图书的佼佼者。这不是王婆卖瓜，这是实事求是。书中大量线图和大幅照片，可以让读者大饱眼福，甚至拍案叫绝。

自从指文号角工作室成立以来，我们关注有质量的军事历史话题。先后出版了华文世界唯一制服徽章收藏文化读物"号角文集"及"单兵装备"系列丛书。"世界舰艇"大系将是我们奉献给读者的另外一套诚意之作。这套大系应该填补了华文读物的一项空白，相信能够获得读者的认可，也希望能够为中国的海洋文化建设做出自己的贡献。

丛书主编：唐思
2014年8月于深圳祥怡阁

**1902 年时的"印度皇后"号
（HMS Empress of India）
战列舰双视线图**

绘图 / 顾伟欣

**1895 年时的"尊严"号
（HMS Majestic）战列舰
双视线图**

绘图 / 顾伟欣

通过以下方式可免费获得更多原创手绘舰船高清电子线图：

①扫下方二维码或者搜"zven01"关注小编微信。　②扫下方二维码或者搜"指文图书"关注官方微博，私信小编。

指文小编-小冉君（微信号：zven01）　　　　　　　　　指文图书官方微博

锻造近代英国海军的宿将

曾经在世界海上力量史上绽放出异彩的英国战列舰的姿影，现在早已成了西去的黄鹤，英国海军最后的战列舰"前卫"号退役除名被拆解，距今也将近过去了55年之久了。从1860年问世的"勇士"号铁甲舰算起，到1960年"前卫"号的谢幕，恰恰一个世纪，这个横亘整整一个世纪的英国战列舰的历史，也可谓是一部英国海军的近代史，它构成了近代舰艇发展史中决不能被替代的一页。

然而，在这个战列舰的发展历史中，更为不能遗忘的，则是支撑这些舰队的软实力。

1909年11月9日，英王爱德华七世根据阿斯奎斯首相以及麦克纳海军大臣的奏请，授予了一位海军将领男爵的爵位，这在平时，是海军军人极少获得的待遇，更何况，这天还是英王自身的生日，因此，这种荣誉又更是增添了几分光彩。获得如此殊荣的，便是刚刚离任的皇家海军第一海军大臣约翰·费舍尔海军元帅。

1854年，13岁的费舍尔便加入英国海军，而后逐渐在海军中崭露头角，担任过朴茨茅斯海军工厂长、地中海舰队司令、海军第三、第二海军大臣等诸多要职，终于在1904年10月21日，就任英国海军军人的最高职务，第一海军大臣。

不管在他就任的什么职务中，他都经常实施具有独创性的，或者是极为需要勇气的大胆改革，具有非凡的决断能力以及实行能力。

从十九世纪中叶，也就是"勇士"号铁甲舰诞生的这一期间开始，海军开始了从风帆木船时代进入蒸汽铁甲时代的转换期。在经历了各种挑战后，到了十九世纪末期的英国海军，通过海军大臣斯潘塞的努力，已经建成了以蒸汽动力战列舰为核心的强大舰队，风帆装备已经基本上被淘汰，其实力高于第二和第三大海军总和的所谓两强标准已经被比较稳固地确立起来。

而这一转换绝不仅仅是单纯的装备更新，随之而来的，则是更为艰巨的制度建设。由于技术的急遽进步，在风帆时期被培育而出的高级将领难以应对蒸汽时代的现状。其中尤为突出的，是蒸汽时代重要的轮机军官，还始终无法摆脱被歧视和贬低，海军战术无法跟上火炮技术的发展等等问题。

对此进行挑战的，便是实干家费舍尔，他首先改革海军的组织，将海军部的第一到第四海军大臣的职责进行了规范和整理，便于这些军职的海军大臣对文职海军大臣进行更为卓有成效的辅佐。其次，则改革海军军官教育，作战部门和轮机部门的教育体系加以统一，使得各个军官都必须接受这两者的教育，改变了以往两者之间具有阶级鸿沟的现象。此外，他还创立了军官的再教育体系，提高了水兵的居住条件，使得英国海军的制度得到了巨大的改善，为海军制度的近代化作出了巨大的贡献。

随着技术发展而不断扩展的英国舰队中，免不了也形成了新旧交杂的情况，对此，费舍尔对于陈旧舰艇进行了果断地淘汰，编入预备舰队，确保了宝贵的人力资源和维护资金。在此同时，他还将原来分布全球的舰艇进行集约，随着舰艇机动性的提高，得以在少数几个基地集中舰队，随时对应相关区域的变局。这种舰队重组，还随着国际局势的变化，得以灵活地加以调整。

　　为了应对火炮技术的发展，他设立了射击演习监察的职务，委派炮术大师斯科特少将首任此职，并打破以往的惯例，针对射程提高的现状，引进新的齐射法，大大提高了命中率，并为单一口径巨炮舰的诞生铺平了道路。

　　1906年，在费舍尔勋爵的强力推行下，最早的装备单一口径巨炮的战列舰"无畏"号诞生，该舰正式立足于齐射炮术而生，此外还运用了成熟不久的汽轮机动力，使得以往的战列舰顿时化为旧时代的陈迹。

　　当然，费舍尔大刀阔斧的改革，也遭到了种种阻力，甚至于剧烈的反对。1909年他的辞职也与这种阻力有着不可分割的关系。但是，在此时他已经完成了规模巨大的造舰计划的提交，而且，两年后同样具有决断力的丘吉尔担任海军大臣，很多费舍尔未尽的改革，诸如燃油化等问题，也在这位年轻大臣的手中得以实现。世界大战爆发后不久，丘吉尔让老将费舍尔出山再任第一海军大臣之职，这两位个性鲜明形成的组合既充满了活力，又埋下了冲突的伏笔。

　　从十九世纪末期开始直到第一次世界大战爆发为止，在英国海军中推行改革的，其程度之深，影响之广，功效之伟，费舍尔元帅都堪称佼佼者，因此支撑起这支当时举世无双的巨大海军的，所倚靠的，绝不单单是舰艇的数量。更为重要的是，建立一个对应时代发展的组织和制度。对于一个如此庞大的组织，使之在如此短的期间完成转型，其难度之大可想而知。在这一过程中，费舍尔所展示出的才华、勇气、决断以及远见卓识，皆为而后所有海军建设者之鉴。

　　故此，在回顾百年英国战列舰发展历史的同时，请不要忘记这位锻造近代英国海军的宿将。

2015年1月15日

前言

　　战列舰（Battleship）是历史上最强大的海战兵器，其装备了威力巨大的大口径舰炮和厚重坚韧的硬化装甲，是大舰巨炮时代苍茫大海上的钢铁巨兽！战列舰是人类迈入工业文明之后创造的最庞大、最复杂的精密武器系统，其代表了当时科学技术的最高成就。作为海军力量的核心，战列舰饱含了一个国家的光荣与梦想！

　　战列舰一词来源于战斗编列舰（line-of-battle ship），代表了17至19世纪在海战中排成战列线进行战斗的大型风帆战舰。随着工业革命的开始，蒸汽机、装甲钢板和后装火炮等技术开始应用于海军造舰领域，铁甲舰由此诞生。经过铁甲舰时代的摸索，英国于1889年开始建造的"君权"级奠定了近代战列舰的基本结构，而1906年下水服役的"无畏"号更是掀起了"全装重型火炮"的革命，此后世界海军强国纷纷进入热血沸腾的无畏舰时代。

　　在战列舰的发展史上，英国就像一面旗帜，一直在引领战列舰建造技术的革新与发展。以海权立国的英国一直将海军的建设放在非常重要的位置上，战列舰更是重中之重，它们是大英帝国海权的象征。曾几何时，当一艘艘巨大战舰喷着黑烟在海平面上露出绵延不绝的高大三角桅杆时，那种令人窒息的压迫感就已经证明了谁才是大海的真正主人。

　　作为系统介绍英国战列舰发展历史的书籍，以大时间段叙事的《英国战列舰全史》分为三册：前无畏舰时代、无畏舰时代和超无畏舰时代。从"勇士"号开始，在经历了稳重的"君权"级、革命性的"无畏"号、坚实的"伊丽莎白女王"级、憨厚的"纳尔逊"级、高大的"英王乔治五世"级之后，英国战列舰最终以俊美的"前卫"号完美收官。可以说，英国战列舰的历史就是其海上霸业的兴衰史。

　　本书在宏观介绍英国海军每个级别战列舰（包括计划与未建成的级别）的同时，对每一艘战列舰的舰史都有详细记述。在战列舰之外，本书还增加了与战列舰相关的背景知识，包括英国海军发展战略、重要海军人物、造船工业及技术革新、海军军备竞赛、经典海上战役等等，力求可以在大历史的背景下去记录英国战列舰的发展之路，追溯大舰巨炮时代的壮丽与辉煌。

  本书的相关数据资料来源于英国海军官方网站、档案馆已公开的文档以及与英国战列舰相关的专业论著，此外还有国内外的专业军事网站和杂志等。在编写过程中，由于掌握的资料有限，难免有不足之处，希望各位读者指正。

  在《英国战列舰全史》的成书过程中，我有幸请到中国海军史研究会的顾伟欣先生为本书绘制精细战列舰线图，其精湛的技术和一丝不苟的工作态度令人钦佩，精美的线图为本书增色不少。在此我还要感谢中国海军史研究会的朋友、王子午、赵国星等人，感谢诸位老师提供的大量资料及指导意见。

  我要特别感谢章骞老师在百忙之中为本书作序，作为学识渊博的海军史专家，章骞老师不但一直支持鼓励我，而且还为本书提供宝贵资料，我本人深感荣幸。

  最后我要感谢李泽慧，正是你的帮助和关怀伴我一步一步走到今天。

江泓

2015年1月10日于烟台

CONTENTS 目录

第一章	钢铁与力量——跨入蒸汽时代的英国战列舰	001
	进入铁甲舰时代	002
	炮郭与炮塔之争	006
	强化中央防御	010
第二章	前无畏舰时代（上）	023
	"君权"级	024
	1889年海军防卫法案	053
	"百人队长"级	055
	"声望"级	062
	"尊严"级	070
	"卡诺珀斯"级	095
第三章	前无畏舰时代（下）	115
	"可畏"级	116
	"伦敦"级	124
	"邓肯"级	143
	"敏捷"级	162
	"英王爱德华七世"级	172
	威廉·怀特爵士小传	192
	"纳尔逊勋爵"级	195
	前无畏舰时代的12英寸舰炮	202
	皇家海军舰队重组	205

第一章
钢铁与力量
跨入蒸汽时代的英国战列舰

在大英帝国的历史上，在海天边际展开的朵朵白帆曾经象征着这个大国对海洋的统治权。英国皇家海军崛起于风帆时代，在关系帝国命运的英西海战、特拉法尔加海战中，皇家海军一次次拯救了英国。决定中国近代命运的鸦片战争也首先开始于皇家海军来自于海上的进攻，"坚船利炮"正是指的英国的风帆战列舰。

作为首先掀起工业革命的国家，随着以蒸汽动力为代表的现代大工业的出现，英国的国家实力得到了飞速提升。工业革命带来的新技术很快被用于船舶制造领域。1807年8月17日，美国人罗伯特·富尔顿（Robert Fulton）研制的第一艘动力船只在哈德逊河上试航成功，这标志着人类航海由风帆时代进入了蒸汽时代。尽管船舶开始有了属于自己的动力，但是新技术新工艺并没有马上改变军舰的面貌，直到1859年法国"光荣"号铁甲舰下水。"光荣"号的出现敲醒了升帆的英国人，作为对最大对手的回应，"勇士"号诞生了。

进入铁甲舰时代

1860年，英国设计师艾萨克·瓦茨（Isaac Watts）设计的"勇士"号下水。"勇士"号长127米，宽17.8米，吃水7.9米，排水量达到9210吨。"勇士"号上共安装了4门8英寸、28门7英寸前装线膛炮及4门20磅后装炮，这些火炮像之前的风帆战列舰一样分为两组固定安装在甲板下舷侧炮门后面，所有火炮只能向固定的方向开火。"勇士"号的装甲安装在舷侧火炮集中的中央位置上，装甲厚114毫米。舰船的水线之下的船舱内安装有10座

▲ 特拉法尔加海战在英国历史上占有极度重要的地位。图为反映海战的一幅油画。

六角形锅炉，采用单轴推进，航速达14.5节。在安装蒸汽机和螺旋桨的同时，"勇士"号保留了三根巨大的可以挂起风帆的桅杆，当使用蒸汽动力和风帆时，其最高航速达到17.5节。作为皇家海军装备的第一艘蒸汽动力铁甲舰，尽管"勇士"号仍然保留着老式的火炮安装方式和船帆，但是保持着多项第一的它却开启了皇家海军的铁甲舰时代。

在"勇士"号之后的30年里，英国设计师们不断将新的思路融入到铁甲舰的设计当中，揭开了一个缤纷的铁甲舰时代：在"勇士"之后，担任海军部首位造舰总监的瓦茨又设计了6150吨的"防御"级和7000吨的"赫克托耳"级两级4艘铁甲舰，此外还有"皇家橡树"号和"阿喀琉斯"号。其中的

▲ 停泊在朴茨茅斯作为博物馆永久展示的"勇士"号铁甲舰。

▼ "勇士"级"黑王子"号铁甲舰。

"阿喀琉斯"号第一次实现了全舰体的装甲覆盖。1863至1866年,3艘"米诺陶"级铁甲舰相继下水,与前辈相比,该级的装甲防护更强,这也使其排水量达到了10690吨。在"米诺陶"级的建造过程中,海军炮术机构提出在未来只在舷侧安装火炮的战舰在舰艏和舰艉的火力死角上将遭遇致命的威胁,因此在"米诺陶"级的舰艏和舰艉各安装了2门7英寸火炮。

正当英国在全力发展炮门铁甲舰(传统的将火炮安装在船舷两侧的炮门之后)时,在地球另一边的美国,一艘外形怪异的铁甲舰将改变海军技术发展的历史。1862年3月9日,内战中北方海军的"莫尼特"号(USS Monitor)与南方海军的铁甲舰在汉普顿锚地爆发战斗,这艘低干舷小军舰依靠舰体中央圆形的全装甲旋转炮塔赢得了战斗的胜利。其实早在19世纪50年代,皇家海军上校科尔斯(Cowper Phipps Coles)也提出了炮塔铁甲舰的构想,在看到这一设计在美国得到实战检验后,他在1864年对老式的风帆战列舰"君权"号进行改造。

经过改装的"君权"号在中轴线上安装了4座筒状炮塔,这些炮塔就像安装在甲板上的圆柱蛋糕一样,外层有140毫米的装甲保护。安装了炮塔的"君权"号被称为炮塔舰(Turret ship),不过与今天下面带有炮座的炮塔相比,当时的炮塔其实就是安装在轨道上的一体化装甲盒子。

▲ "莫尼特"号铁甲舰模型,舰体中央圆形的全装甲旋转炮塔是其最大的特色。

▲ "防御"号铁甲舰,在前面的两根桅杆间有一个烟囱。

▲ "皇家橡树"号铁甲舰,注意侧面的炮门。

▲ "米诺陶"号铁甲舰,前两根主桅间有两个烟囱。

▲ 加装筒状炮塔的"君权"号风帆战列舰。

炮郭与炮塔之争

1863年,时年33岁的爱德华·里德(Edward Reed)成为海军部造舰总监,他提出降低铁甲舰的长度和排水量,以此来强化军舰的攻击力和防御力。在这种理论的指导下,最先出现了排水量仅1200吨的"探索"号和其他一些小型军舰,1865年下水的"柏勒洛丰"号则是这一思路下设计的第一艘大型舰艇。"柏勒洛丰"号长91.4米,宽17.1米,吃水8.1米,排水量达到7550吨。"柏勒洛丰"号将所有的火炮集中于侧舷的中间,因此也被称为"中央炮郭舰"(Center battery ship),其炮郭区内有10门9英寸炮,这些火炮安装在半圆形轨道上,可以在左右45度角内瞄准射击。除了炮郭区内的火炮,"柏勒洛丰"号在舰艏和舰艉处还有5门7英寸火炮。在"柏勒洛丰"号之后,英国以此为基础又建造了"赫剌克勒斯"号、4艘"大胆"级、2艘"敏捷"级和"苏丹"号。除了新建装甲中央炮郭舰,英国还建造和改造了最后一批木壳中央炮郭舰,至此大英帝国结束了建造木质主力舰的历史。

当里德大力发展中央炮郭舰时,科尔斯并没有闲着,自从改造了"君权"号之后,他又对3880吨的"阿尔伯特亲王"号进行了炮塔改造。在这些改造和使用的基础上,全新设计的炮塔铁甲舰"君主"号开始建造。在"君主"号之后,科尔斯上校又设计了7767吨的"船长"号,该舰甲板上有2座安装有2门12英寸前装炮的炮塔。"船长"号的舰体重量超标,干舷高度只有1.8米,大大制约了它的远洋航行性能。由于设计上的缺陷,"船长"号最终于1870年9月7日在风暴中倾覆,包括科尔斯在内的472人遇难。

科尔斯死后,里德并没有死抱中央炮郭不放,他设计了"刻耳柏洛斯"号岸防舰。在这艘低干舷的军舰中部,里德设计了一个

▲ "柏勒洛丰"号铁甲舰,其所有火炮都集中在侧舷中部。

一幅描绘"赫刺克勒斯"号铁甲舰的油画,在它后面有一艘老式的木质风帆战列舰。

▲ "大胆"级"无敌"号铁甲舰。

▲ "苏丹"号铁甲舰。

▲ "君主"号铁甲舰,该舰安装了蒸汽机,但还是挂起了船帆。

▲ 航行中的"船长"号铁甲舰,由于航行性不佳,其最终在风浪中沉没。

加高的装甲带，装甲带上容纳了炮塔、上层建筑、烟囱及桅杆等，这种中部增高的军舰被称为"胸墙式低舷重炮舰"（Breastwork Monitor）。"刻耳柏洛斯"号之后，英国又建造了一些类似的近岸防御舰艇。在之前的设计经验上，里德对"刻耳柏洛斯"号进行放大，最终在1868年完成了世界上最早的纯蒸汽动力大型战舰"蹂躏"级的设计，从此主力舰告别了伴随人类几千年之久的风帆。"蹂躏"级长94米，宽18.97米，吃水8.13米，排水量达到9180吨。"蹂躏"级安装有2门12英寸前装炮的炮塔、4门10英寸火炮、6门6磅炮、8门3磅炮、2具356毫米鱼雷发射管。"蹂躏"级的炮塔装甲厚300至360毫米，胸墙装甲厚250至300毫米，指挥塔装甲厚150至239毫米。"蹂躏"级安装了8座锅炉和4座蒸汽机，采用双轴推进，发动机功率6637马力，航速14节。由于"蹂躏"级已经拥有了近代战列舰的许多基本要素，因此很多学者将其作为"战列舰的鼻祖"。

强化中央防御

1870年，纳撒尼尔·巴纳比（Nathaniel Barnaby）接替里德成为皇家海军造舰总监，有趣的是，巴纳比是里德妻子的舅舅。到1875年，造舰总监正式被称为"海军造舰局长"（Director of Naval Construction，简称DNC）。与里德不同，巴纳比非常重视军舰的火力而轻视了装甲防御。

巴纳比上任之后，"蹂躏"级的3号舰"愤怒"号正在建造中，由于之前"船长"号的倾覆，巴纳比重新设计了这艘军舰并将其更名为"无畏"号。与之前的"蹂躏"级相比，"无畏"号提高了干舷，加厚了装甲，排水量达到10886吨。"无畏"号的发动机功率8206马力，航速14.52节。竣工后的"无畏"

▲ "无畏"号铁甲舰，可以看到前后两个大型的炮塔。

"蹂躏"号铁甲舰,其干舷很低,上层机构部集中在舰体中部。

号具有优良的航海性能，成为当时世界上最强大的战舰。在"无畏"号之后，巴纳比又设计了依然采用中央炮郭的"亚历山德拉"号。1876年，8540吨的"鲁莽"号下水，这艘战舰不但在中央炮郭内安装了火炮，在舰艏和舰艉还各设有一个安装了11英寸炮的露天炮台。露天炮台的设计具有重量轻、射界广及便于排出火炮发射烟雾等优点，其提供了前后方向上的火力。

与"鲁莽"号同一年下水的还有"不挠"号，该舰长104.8米，宽22.86米，吃水8米，排水量达到11880吨。"不挠"号安装了4门16英寸（406毫米）前装巨炮，这4门火炮安装在两座交错分布于舰体中部两舷的圆饼形炮塔中。除了16英寸主炮，军舰上还装有6门20磅炮、17挺机枪和4具360毫米鱼雷发射管（其中2具位于水线之下）。受到当时意大利装甲舰的影响，"不挠"号在舰体中部设有重装甲防御区，这个区域被称为"装甲堡"。"不挠"号在装甲安装上别出心裁，采用了钢板与木材相间的安装方式，其装甲厚度在432至610毫米之间，加上木材其最厚处达到了1米厚！在中部重装甲区之外，"不挠"号的其他位置没有装甲防护，不过在两舷内部设有许多水密隔舱。"不挠"号上还设有注水舱，当战斗时通过向舱内注水可以降低干舷高度约0.3米，以此增加射击时舰体的稳定性。采用两轴推进的"不挠"号航速14.73节，舰上保留了两根可以悬挂风帆的桅杆，但是实用性不大。"不挠"号可以说是皇家海军在铁甲舰时代的又一次创新，其采用的强化中央防御区、大威力火炮等设计代表了中央炮塔舰的出现，这艘军舰还是我们熟知的"定远"号和"镇远"号铁甲舰的设计蓝本。

在"不挠"号之后，英国又建造了2艘8510吨的"阿贾克斯"级和9150吨的"巨人"号，值得一提的是"巨人"号是第一艘安装了12英寸后装主炮的英国战舰。1877年，随着俄土战争的爆发，英国发现其与潜在对手法国和俄国之间的海军力量对比并不占有压倒性优势，海军收购了一切可以买到的军舰，其中就包括几艘外贸战舰。为了应对不利的局面，英国开始建造6艘"海军上将"级（Admiral class），该级长101米，宽21米，吃水8米，排水量达到10600吨。"海军上将"级共有4门12英寸（305毫米）主炮，主炮分别安装在位于舰艏和舰艉中轴线上的两座露天炮塔中。除了主炮，"海军上将"级上还安装有6门6英寸速射炮、12门6磅炮、8门3磅炮及4具16.25英寸鱼雷发射管。"海军上将"级的主装甲带厚457毫米，隔舱装甲厚178至406毫米，炮座装甲厚254至292毫米，指挥塔装甲厚51至305毫

▲ "亚历山德拉"号铁甲舰，其仍然安装了高大的桅杆。

▲ "不挠"号铁甲舰,其甲板很宽,建筑位于中部,炮塔在舷侧。

米,甲板装甲厚51至76毫米。采用两轴推进的"海军上将"级安装了燃煤锅炉和蒸汽机,发动机功率7500马力,航速达16节。

继"海军上将"级之后,巴纳比在其基础上设计了"维多利亚"级,该级长100米,宽21米,吃水8.8米,排水量达到11020吨。"维多利亚"级的主炮是2门安装在舰艏炮塔中的16.25英寸(413毫米)火炮,舰艉有一门仅有防盾保护的10英寸火炮。在"维多利亚"级舷侧安装有12门6英寸速射炮,从该级战舰开始,英国主力舰开始装备中小口径的速射炮。"维多利亚"级的主装甲带厚457毫米,隔舱装甲厚406毫米,炮塔装甲厚432毫米,指挥塔装甲厚51至356毫米,甲板装甲厚76毫米。采用两轴推进的"维多利亚"级安装了三胀式蒸汽

▲ "巨人"级"爱丁堡"号炮塔舰,其舰体上的建筑很饱满。

▲ "维多利亚"号铁甲舰,前甲板很宽阔,主桅在烟囱后面。

▲ "海军上将"级"安森"号,其干舷较低,建筑位于舰体中部。

▲ "海军上将"级"本鲍"号铁甲舰舰艏,可以看到没有装甲防护的主炮。

▲ 正面观察"海军上将"级"柯林伍德"号铁甲舰,其舰体很宽。

机,发动机功率8000马力,航速达17.3节。在设计上很出色的"维多利亚"级由于仍然采用了低干舷,限制了其远洋航海能力。1893年6月22日,该级的首舰"维多利亚"号在一次碰撞事故中沉没,有321名官兵遇难,不过幸存者中有日后成为大舰队指挥官的约翰·杰利科(John Jellicoe)。

1886年,巴纳比针对"海军上将"级和"无畏"级装甲防御不足的缺点设计了"特拉法尔加"级。"特拉法尔加"级长105米,宽22米,吃水8.38米,排水量达到12000吨。"特拉法尔加"级共有4门13.5英寸(343毫米)主炮,主炮分别安装在位于舰艏和舰艉的两座装甲炮塔中。除了主炮,"特拉法尔加"级上还安装有6门4.7英寸速射炮、8门6磅炮、9门3磅炮及5具鱼雷发射管。"特拉法尔加"级的主装甲带厚508毫米,隔舱装甲厚356至406毫米,炮塔装甲厚457毫米,指挥塔装甲厚356毫米,甲板装甲厚76毫米。采用两轴推进的"特拉法尔加"级安装了三胀式蒸汽机,发动机功率12102马力(强通风),航速达16.7节。作为皇家海军第一级排水量超过12000吨的主力舰,"特拉法尔加"级35%的排水量都用于加强装甲防护上,它们成为当时防御力最强的战舰。在完成"特拉法尔加"级的设计之后,由于设计思路上的矛盾,巴纳比辞去了海军造舰局长的职务,属于他的时代到此结束。

到19世纪80年代末,经过30年的不断探索,当"塔拉法尔加"级建成之后,英国在战列舰的建造上不但积累了丰富的经验,而且已经具有了领先于世界的设计思路和布局理念,前无畏舰时代马上就要到来了。

▲ "特拉法尔加"号铁甲舰,其烟囱是纵向并排安装的。

铁甲舰时代英国主力舰一览表（1860-1890）

舰名	译名	级别	下水日期	命运
HMS Warrior	勇士	"勇士"级铁甲舰	1860.12.29	作为纪念舰保存
HMS Black Prince	黑王子		1861.2.27	1923年拆解
HMS Defence	防御	"防御"级铁甲舰	1861.4.24	1935年拆解
HMS Resistance	抵抗		1861.4.11	1898年退役拆解
HMS Hector	赫克托耳	"赫克托耳"级铁甲舰	1862.9.26	1905年退役拆解
HMS Valiant	刚勇		1863.10.14	1957年拆解
HMS Achilles	阿喀琉斯	"阿喀琉斯"级铁甲舰	1863.12.23	1925年拆解
HMS Minotaur	米诺陶	"米诺陶"级铁甲舰	1863.12.12	1922年拆解
HMS Agincourt	阿金科特		1865.3.27	1960年拆解
HMS Northumberland	诺森伯兰		1866.4.17	1927年拆解
HMS Royal Sovereign	君权	"君权"级岸防舰	1857.12.17	1885年退役拆解
HMS Prince Albert	阿尔伯特亲王	"阿尔伯特亲王"级岸防舰	1864.5.23	1899年退役拆解
HMS Prince Consort	王夫	"王夫"级铁甲舰	1862.6.26	1882年退役拆解
HMS Caledonia	喀里多尼亚		1862.10.24	1886年退役拆解
HMS Ocean	海洋		1862.3.19	1882年退役拆解
HMS Royal Oak	皇家橡树	"皇家橡树"级铁甲舰	1862.9.10	1885年退役拆解
HMS Royal Alfred	皇家阿尔弗雷德	"皇家阿尔弗雷德"级铁甲舰	1864.10.15	1885年退役拆解
HMS Research	探索	"探索"级巡航舰	1863.8.15	1884年退役拆解
HMS Enterprise	进取	"进取"级巡航舰	1864.2.9	1871年退役，1886年拆解
HMS Favorite	宠爱	"宠爱"级巡航舰	1864.7.5	1876退役年，1886年拆解
HMS Zealous	热忱	"热忱"级铁甲舰	1864.3.7	1886年退役拆解
HMS Repulse	却敌	"却敌"级中央炮郭舰	1868.4.25	1885年退役，1889年拆解
HMS Lord Clyde	克莱德勋爵	"克莱德勋爵"级炮门舰	1864.10.13	1875年退役拆解
HMS Lord Warden	沃登勋爵		1865.3.27	1889年退役拆解
HMS Pallas	帕拉斯	"帕拉斯"级巡航舰	1865.3.14	1886年退役拆解
HMS Bellerophon	柏勒洛丰	"柏勒洛丰"级铁甲舰	1865.5.26	1922年拆解
HMS Penelope	佩涅罗珀	"佩涅罗珀"级巡航舰	1868.8.16	1912年退役拆解

HMS Audacious	大胆	"大胆"级铁甲舰	1869.2.27	1922年退役拆解
HMS Invincible	无敌		1869.5.29	1914年9月17日失事沉没
HMS Iron Duke	铁公爵		1870.3.1	1906年退役拆解
HMS Vanguard	前卫		1870.1.3	1875年9月1日被友舰撞沉
HMS Sultan	苏丹	"苏丹"级铁甲舰	1870.5.31	1946年拆解
HMS Swiftsure	敏捷	"敏捷"级铁甲舰	1870.6.15	1908年退役拆解
HMS Triumph	凯旋		1870.9.27	1921年退役拆解
HMS Hercules	赫刺克勒斯	"赫刺克勒斯"级铁甲舰	1868.2.10	1932年拆解
HMS Alexandra	亚历山德拉	"亚历山德拉"级铁甲舰	1875.4.7	1908年退役拆解
HMS Temeraire	鲁莽	"鲁莽"级炮台舰	1876.5.9	1921年退役拆解
HMS Belleisle	贝尔岛	"贝尔岛"级铁甲舰	1876.2.12	1904年退役拆解
HMS Orion	俄里翁		1879.1.23	1913年退役拆解
HMS Superb	壮丽	"壮丽"级铁甲舰	1875.11.16	1906年退役拆解
HMS Scorpion	蝎	"蝎"级岸防炮塔舰	1863.7	1903年失事沉没
HMS Wivern	飞龙		1863.8.29	1922年退役拆解
HMS Monarch	君主	"君主"级炮塔舰	1868.5.25	1905年拆解
HMS Captain	船长	"船长"级炮塔舰	1869.3.27	1870年9月7日倾覆
HMS Cerberus	刻耳柏洛斯	"刻耳柏洛斯"级重炮舰	1868.12.2	1926年被凿沉
HMS Magdala	玛达拉		1870.3.2	1904年退役拆解
HMS Abyssinia	阿比西尼亚	"阿比西尼亚"级重炮舰	1870.2.19	1903年退役拆解
HMS Glatton	格拉东	"格拉东"级重炮舰	1871.3.8	1903年退役拆解
HMS Hotspur	热辣	"热辣"级铁甲舰	1870.3.19	1904年退役拆解
HMS Devastation	蹂躏	"蹂躏"级铁甲舰	1871.7.12	1908年退役拆解
HMS Thunderer	雷神		1872.3.25	1909年退役拆解
HMS Rupert	鲁珀特	"鲁珀特"级铁甲舰	1872.3.12	1907年退役拆解
HMS Dreadnought	无畏	"无畏"级炮塔舰	1875.3.8	1908年退役拆解
HMS Cyclops	库克罗普斯	"库克罗普斯"级重炮舰	1871.7.18	1903年退役拆解
HMS Gorgon	戈耳工		1871.10.14	1903年退役拆解
HMS Hecate	赫卡忒		1871.9.30	1903年退役拆解
HMS Hydra	许德拉		1871.12.28	1903年退役拆解
HMS Neptune	尼普顿	"尼普顿"级炮塔舰	1874.9.10	1903年退役拆解
HMS Inflexible	不挠	"不挠"级炮塔舰	1876.4.27	1903年退役拆解

HMS Ajax	阿贾克斯	"阿贾克斯"级炮塔舰	1880.3.10	1904年退役拆解
HMS Agamemnon	阿伽门农		1879.9.17	1903年退役拆解
HMS Colossus	巨人	"巨人"级炮塔舰	1882.3.21	1908年退役拆解
HMS Edinburgh	爱丁堡		1882.3.18	1910年退役拆解
HMS Conqueror	征服者	"征服者"级炮塔舰	1881.9.8	1907年退役拆解
HMS Hero	英雄		1885.10.27	1908年退役拆解
HMS Collingwood	柯林伍德	"海军上将"级炮塔舰	1882.11.22	1909年退役拆解
HMS Anson	安森		1886.2.17	1909年退役拆解
HMS Camperdown	坎珀当		1885.11.24	1911年退役拆解
HMS Howe	豪		1885.4.28	1910年退役拆解
HMS Rodney	罗德尼		1884.10.8	1909年退役拆解
HMS Benbow	本鲍		1885.6.15	1909年退役拆解
HMS Victoria	维多利亚	"维多利亚"级炮塔舰	1887.6.9	1893年6被友舰撞沉
HMS Sans Pareil	无比		1887.5.9	1907年退役拆解
HMS Trafalgar	特拉法尔加	"特拉法尔加"级炮塔舰	1887.9.20	1911年退役拆解
HMS Nile	尼罗河		1885.3.27	1912年退役拆解

▲ "王夫"级"海洋"号铁甲舰，三根主桅说明其处于过渡阶段。

▲ "王夫"级"喀里多尼亚"号铁甲舰,注意舰上搭起了凉棚。

▲ "热忱"号铁甲舰,旁边有一艘靠近的小帆船。

▲ 与另一艘铁甲舰停泊在一起的"克莱德勋爵"号铁甲舰（前）。

▲ 停在港口中的"帕拉斯"号铁甲舰。

▲ "阿比西尼亚"号重炮舰，其舰体干舷非常低，炮塔、指挥塔等集中在舰体中部。

▲ "贝尔岛"号铁甲舰,其火炮位于舰体中的装甲堡中,巨大的烟囱很显眼。

▲ 航行中的"格拉东"号重炮舰,可以看到前面的圆饼形主炮塔。

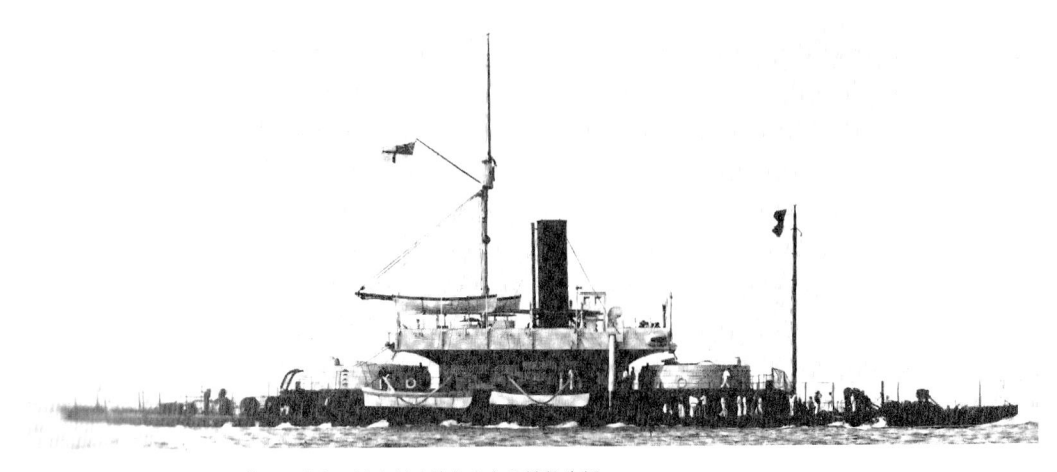

▲ 航行中的"库克罗普斯"号重炮舰,注意其建筑上方有几艘救生艇。

▲ 挂着彩旗的"库克罗普斯"级"戈耳工"号重炮舰,其舰体上分为多层,就像一个堡垒。

◀ 停泊在海面上的"征服者"号炮塔舰。

第二章
前无畏舰时代（上）

"君权"级
（Royal Sovereign class）

1888年的夏天，英国皇家海军在爱尔兰周边海域举行了海军年度演习，这次演习的目的是检验皇家海军的近岸封锁战术，假想敌是与英国隔英吉利海峡相望的法国。演习从7月24日正式开始，演习中扮演法国舰队的"B"舰队在夜间巧妙突围并对英国东部海岸进行了一系列"炮击"，这触动了英国人的神经，国会纷纷指责海军没有保卫英国本土的能力。正是1888年演习最终促使1889年英国议会通过了著名的《海军防卫法案》，这使得皇家海军在19世纪后期迎来了大规模发展时期，此时的英国皇家海军也开始正式确立了著名的"两强"标准，即同时与英国之后的两大海军强国进行作战。

就英国海军自身而言，其主力舰在1888年大演习中暴露了设计上的缺陷。当时采用低干舷舰体设计的战列舰在波涛汹涌的海面上艰难前进，由于横摇导致舰艇严重倾斜，军舰上的火炮根本就无法进行瞄准和射击。针对战列舰在使用中出现的问题，英国海军部进行了一系列的调查研究，在著名设计师威廉·亨利·怀特爵士的指导下提出了新型战列舰的设计要求，包括采用航行性能更好的高干舷舰体、更换镍铬钢装甲、加强炮郭防护等。

同年8月17日，英国海军部在德文波特海军造船厂（Devonport Dockyard）进行年度审查时召开了一次会议，会议上确定了新型战列舰的设计要求与性能指标。会议中出现了不同的意见，这些意见主要集中在舰体选择高干舷还是低干舷、主炮的数量和位置、副炮的数量和位置、炮塔全封闭还是露天、装甲的厚度及布局、动力系统的选择、采用"中央装甲堡型[1]"还是"盾堡型[2]"等问题上。经过激烈讨论和部分让步，最终会议达成了三点主要共识：第一，安装4门大口径主炮，每2门为一组分布在舰体前后，每组主炮的射界应达到260度，可以集中所有火力向一侧进行射击；第二，安装10门152毫米副炮，每侧分布5门，每侧副炮都安装在上下两层甲板上，炮位得到装甲保护；第三，主装甲带厚度不低于457.7毫米，向上延伸部分厚度为127毫米，甲板的装甲厚度为76.2毫米。

怀特根据会议的内容提出几种设计方案，这些方案都采用了高干舷的舰体、"盾堡型"装甲防御和露天炮塔的设计，而当时第一海军大臣胡德海军上将更倾向于防护全面的全装甲炮塔。为了解决设计师与海军大臣之间的意见分歧，海军部决定邀请一线的将领参与新型战列舰的选型工作。

1888年11月16日，在英国海军部海军大臣的办公室中召开了会议，与会者包括海军上将W·道威尔爵士、海军上将理查德·维塞·汉密尔顿爵士、海军中将弗里德里克·里查兹爵士、海军中将J·K·E·贝尔德、海军

---
[1] 中央装甲堡型（citadel）：在主装甲带之上形成一个箱形的装甲防护体。
[2] 盾堡型（redoubt）：在主装甲带之上，仅对主炮基座部分实行重型装甲防护。

上校沃尔特·科尔勋爵，海军中将乔治·特莱思爵士、海军大臣乔治·汉密尔顿勋爵、第一海军大臣海军上将阿瑟·胡德爵士、第二海军大臣海军中将A·H·霍斯金斯爵士、海军审计官J·O·霍普金斯、海军少将C·F·霍塔姆、海军上校费希尔、议会与财务秘书A·B·福沃德、海军军械总监约翰及海军造船总监威廉·亨利·怀特爵士。经过讨论，大家对怀特的设计表示肯定，并要求进一步加强舷侧和副炮的防护。尽管大部分人支持怀特，但是仍有部分全装甲炮塔的支持者对他的设计表示强烈反对。无奈之前，海军部允许怀特在海军工程学会发表详细报告，并在船模试验水池中进行全面模拟和测算，用事实说话。就这样，在经过了反复的讨论和论证之后，怀特领导的设计小组最终完成了设计工作。借着《1889年海军防卫法案》，8艘新型战列舰的建造预算获得通过，"君权"级战列舰在经过波折之后终于诞生了。

"君权"级是英国皇家海军中第一级采用高干舷舰体设计的铁甲战列舰，其带来的优势便是较低干舷战舰拥有更好的远洋航行性能。"君权"级舰长125.12米，舰宽23米，吃水8.38米，标准排水量14377吨，满载排水量15830吨。

"君权"级的武器系统包括：4门343毫米MkⅡ型主炮，每门火炮的弹药基数为80枚（20枚穿甲弹，12枚帕利塞穿甲弹，38枚常规弹，10枚高爆霰弹）。4门火炮以2门为一组安装在前后两座位于中轴线上的露天炮塔中，没有任何的防护措施（"胡德"号除外）；10门MkⅣ型152.4毫米速射炮，每侧有5门，分上下层配置，其中位于下面的2门火炮在舰体装甲带内，上面的3门火炮只有防御破片的防盾保护；除了主炮和副炮，"君权"级上还安装有16门57毫米火炮和12门47毫米火炮，这些小

▲ 后来晋升为海军元帅的弗里德里克·里查兹爵士（Sir Frederick Richards）画像。

▲ 海军上将阿瑟·胡德爵士（Sir Arthur Hood）画像，著名的战列巡洋舰"胡德"号就是以其命名。

▲ "君权"级战列舰的舱室剖面结构，可以看到舰体内各部分舱室的分布情况。

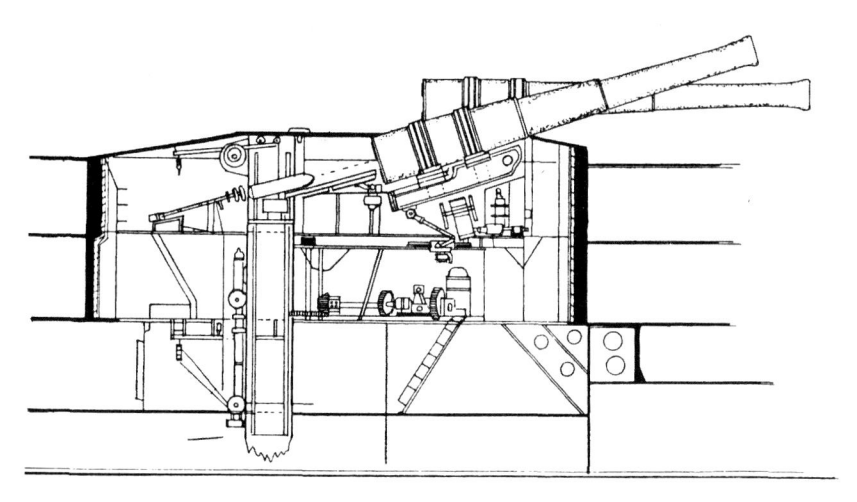

▲ "君权"级的主炮结构图,可以看到其主要部分都位于甲板下的炮座内。

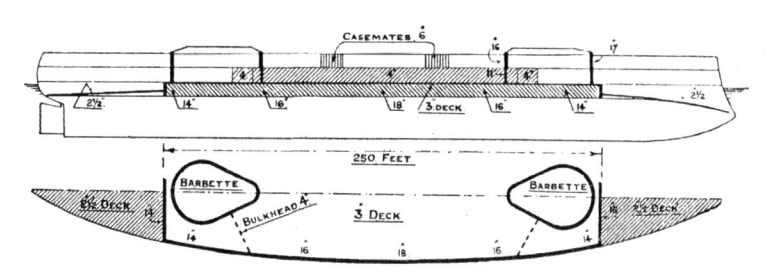

▲ "君权"级战列舰的装甲分布图。

口径火炮分布在舰体、上层建筑和桅盘上;"君权"级上有7具450毫米鱼雷发射管,其中4具位于舷侧水线以上,2具位于水线以下,还有1具在舰艉。

"君权"级的防御在同时代的战列舰中是相当强的,其位于舷侧的主装甲带长77米,高2.64米,其中1.52米在水线以下。主装甲带中部装甲厚达457毫米,向两侧装甲以406毫米和356毫米递减,装甲带内侧有102至203毫米厚的柚木支撑层,在主装甲带上面的舷侧部分安装了厚102毫米的镍钢装甲。"君权"级的前隔舱装甲厚406毫米,后隔舱装甲厚356毫

▲ 一艘停泊在海面上的"君权"级战列舰,其高大的舰体旁停着几艘小舢板。

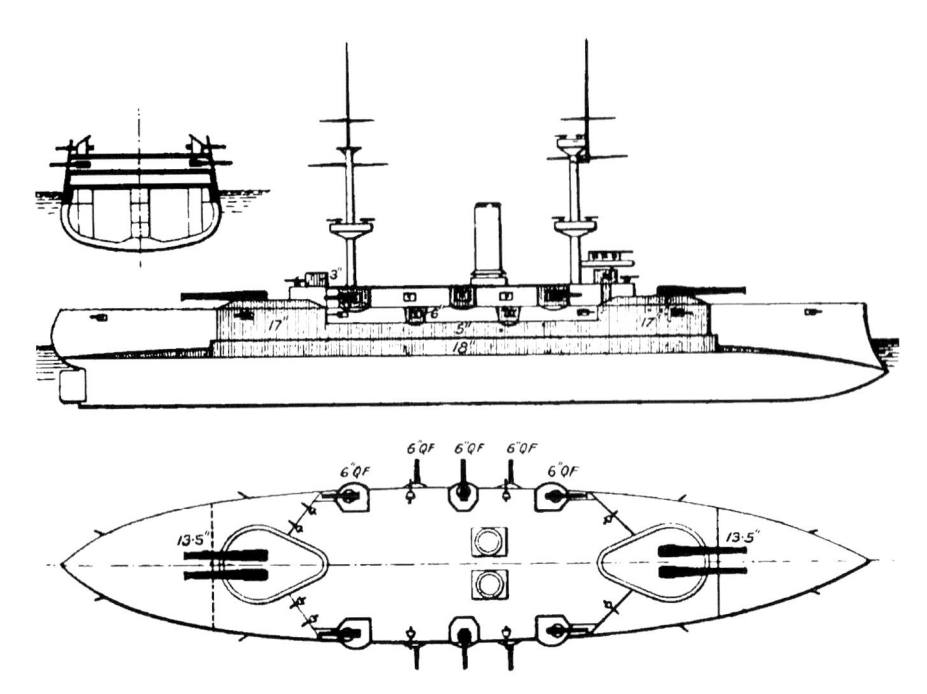

▲ "君权"级战列舰的火炮分布图。

米，指挥塔装甲厚356毫米，甲板厚度在64至76毫米之间。

"君权"级安装了8座单头圆筒锅炉，2座三汽缸立式三胀式蒸汽机，以两轴推进。"君权"级共有两根烟囱，这两根烟囱是横向并排排列在一起。以蒸汽机提供动力的"君权"级输出功率为9000马力，强压通风时能够达到11000马力，其最高航速超过17节。"君权"级设计的燃煤储备量为900吨，最大装载量近1500吨，续航能力达到4720海里。

1889年9月30日，"君权"级的首舰"君权"号战列舰在朴茨茅斯海军造船厂（Portsmouth Dockyard）开工建造，该级其他7艘分别在查塔姆海军造船厂（Chatham Dockyard）、彭布罗克海军造船厂（Pembroke Dockyard）、约翰·布朗公司（John Brown & Company）、帕尔莫斯造船和钢铁公司（Palmers Shipbuilding and Iron Company）和凯莫尔·莱尔德造船厂（Cammell Laird）建造。所有的"君权"级战列舰都在1891至1896年间下水并服役。由于顽固的第一海军大臣海军上将胡德坚持低干舷和全封闭炮塔设计，"君权"级中的"胡德"号采用了传统设计，它成为了该级战列舰中的异类。由于安装了更重的装甲炮塔，"胡德"号的排水量有所增加，有些人甚至倾向于将"胡德"号单独作为一个级别。

在"君权"级的建造过程中，针对部分设计的修改就已经开始了，其中包括有：提高烟囱的高度、扩大战斗桅盘、加大锅炉水管、加强3门47毫米火炮、搭载数艘汽艇、增设木材贮藏室等，所有这些修改共增加了137.5吨的重量，不过对军舰的影响并不明显。"君权"级战列舰在完工试航和实际使用中依然存在着舰体横摇严重的问题，这将严重影响其作为远洋战舰的作战效能。为了解决这个问题，怀特为"君权"级设计加装了一个长61米、宽0.91米的舭龙骨。舭龙骨的安装效果明显，不但航行中的舰体更平稳，而且还意外地改善了军舰的机动能力，双轴推进时的转弯半径从621米减至457米，一轴向前一轴向后时的转弯半径从411米减至274米。

在战列舰发展史上，"君权"级具有重要的标志性地位，在它出现之后，海军史上的前无畏舰时代便徐徐拉开了大幕，"君权"级也成为了这个时代的开山之作。与之前的战列舰相比，"君权"级代表了技术上的跨越式进步，它的出现标志着低干舷战列舰逐渐退出历史舞台，战列舰开始拥有了更优秀的远洋航行能力。不仅仅是舰体设计，"君权"级在火力、防护、航速、居住条件等多方面都要优于同时代其他国家不同级别的战列舰，其优势是非常明显的。当然，"君权"级也存在着两个突出的弱点：第一是在前后主炮之间有一条位于舰体内部的弹药运输通道，这条通道在遭到攻击时很容易成为火灾和爆炸的传播渠道；第二是机舱的中心线防水舱壁，这些舱壁一旦受损，很容易导致舰体的横倾。

对于英国皇家海军而言，"君权"级作为1889年造舰计划的核心部分，标志着此后15年时间内英国战列舰的设计进入了稳定时代，它的建造是英国战列舰发展上的一座分水岭，新型战列舰不但性能得到了明显提升，外观也变得优雅而有力。正如英国著名的海军史学家奥斯卡·帕克斯博士（Dr Oscar Parks）在其《英国战列舰》（British Battleships）一书中评价的那样："怀特为海军提供了一支最好的战列舰编队，这是一支在海上既雄伟又强大的力量。自'蹂躏'号制定了新的'难看'标准之后，'君权'级为英国海军战列舰展现了一个自豪、可爱、匀称的形象，其战斗力更是现有的其他战舰所不能匹敌的，战列舰在经过20年沉闷、阴郁、曲折的发展后，她开启了一个像火山爆发似的美丽新纪元。"

◀ "君权"号的后甲板上，水兵们正在使用步枪进行射击训练，一旁有一名少尉在进行指挥。

"君权"级战列舰一览表

舰名	译名	建造船厂	开工日期	下水日期	服役日期	命运
HMS Royal Sovereign	君权	朴茨茅斯造船厂	1889.9.30	1891.2.26	1892.5.31	1909年9月退役，1913年10月7日出售拆解
HMS Hood	胡德	查塔姆造船厂	1889.8.17	1891.7.30	1893.6.1	1911年3月退役，1914年11月4日作为阻塞船沉于波特兰港
HMS Empress of India	印度皇后	彭布罗克造船厂	1889.7.9	1891.5.7	1893.9.11	1912年退役，1913年11月4日作为靶舰被击沉
HMS Ramillies	拉米伊	约翰·布朗公司	1890.8.11	1892.3.1	1893.10.17	1911年8月退役，1913年10月7日出售拆解
HMS Repulse	却敌	彭布罗克造船厂	1890.1.1	1892.2.27	1894.4.25	1911年2月退役，1911年7月11日出售拆解
HMS Resolution	决心	帕尔莫斯造船和钢铁公司	1890.6.14	1892.5.28	1893.12.5	1911年8月8日退役，1914年4月2日出售拆解
HMS Revenge	可畏	帕尔莫斯造船和钢铁公司	1891.2.12	1892.11.3	1894.3	1915年10月退役，1919年12月出售拆解
HMS Royal Oak	皇家橡树	凯莫尔·莱尔德造船厂	1890.5.29.	1892.11.5	1896.1.14	1911年12月退役，1914年1月14日出售拆解

基本技术性能	
基本尺寸	舰长125.12米，舰宽23米，吃水8.38米
排水量	标准14377吨 / 满载15830吨
最大航速	17.5节
动力配置	8座燃煤锅炉，2座3汽缸立式三胀式蒸汽机，9000马力
武器配置	4×343毫米火炮，10×152毫米火炮，16×57毫米火炮，12×47毫米火炮，7×450毫米鱼雷发射管
人员编制	712名官兵

"君权"号（HMS Royal Sovereign）

"君权"号由朴茨茅斯造船厂建造，该舰于1889年9月30日动工，1891年2月26日下水。在之后的海试中，"君权"号开足马力后的最高时速超过17节，它成为当时世界上航速最快的战列舰。1892年5月底，完工的"君权"号进入皇家海军海峡舰队（Channel Squadron）服役，并在1892至1895间担任舰队旗舰。1892年8月，在爱尔兰周边海域的演习中，"君权"号作为"红队"的旗舰参加演习。1895年6月，作为英国海军舰队的一员，"君权"号参加了德国威廉皇帝运河的开通仪式。1896年7月，"君权"号参加了在爱尔兰和苏格兰西南部海域举行的演习，其加入了"A"舰队。

1897年6月7日，"君权"号的所有船员被

▲ 维多利亚女王登基60周年庆典上通过泰晤士河桥的队伍。

▲ 一幅反映维多利亚女王登基60周年阅舰式的画作。

派往"尊严"级的"玛耳斯"号战列舰上,第二天它便被派往地中海,接替了"特拉法尔加"号的位置。在前往地中海之前,"君权"号在1897年6月26日参加了维多利亚女王登基60周年的大型庆典活动,并在7月参加了年度演习。"君权"号最终于1897年9月离开英格兰前往地中海。

当"君权"号抵达地中海后便加入了地中海舰队(Mediterranean Fleet)。1900年1月20日,海军上校查尔斯·亨利·埃德尔(Charles Henry Adair)成为该舰的舰长。1901年11月9日离开希腊后,"君权"号上的一枚152毫米炮

▲ 这张照片可以看到"君权"号并排的烟囱和桅盘上的2门47毫米火炮。

弹发生爆炸，导致1名军官和5名海军陆战队士兵丧生，1名军官和19名水兵受伤。

1902年7月9日，被"伦敦"号战列舰替代的"君权"号离开直布罗陀，并于5天后抵达朴茨茅斯。1902年8月30日，"君权"号正式加入本土分舰队（Home Squadron），并被作为港口巡逻舰使用。1903年8月5日至9日，"君权"号参加了在葡萄牙海岸附近举行的演习。1903至1904年间，"君权"号返回朴茨茅斯接受现代化改装。

1907年2月9日，"君权"号成为一艘储备舰。1909年4月，它成为本土舰队（Home Fleet）第4分舰队中的一员。1909年9月，"君权"号在德文波特退役，其最终于1913年10月7日被出售拆解。

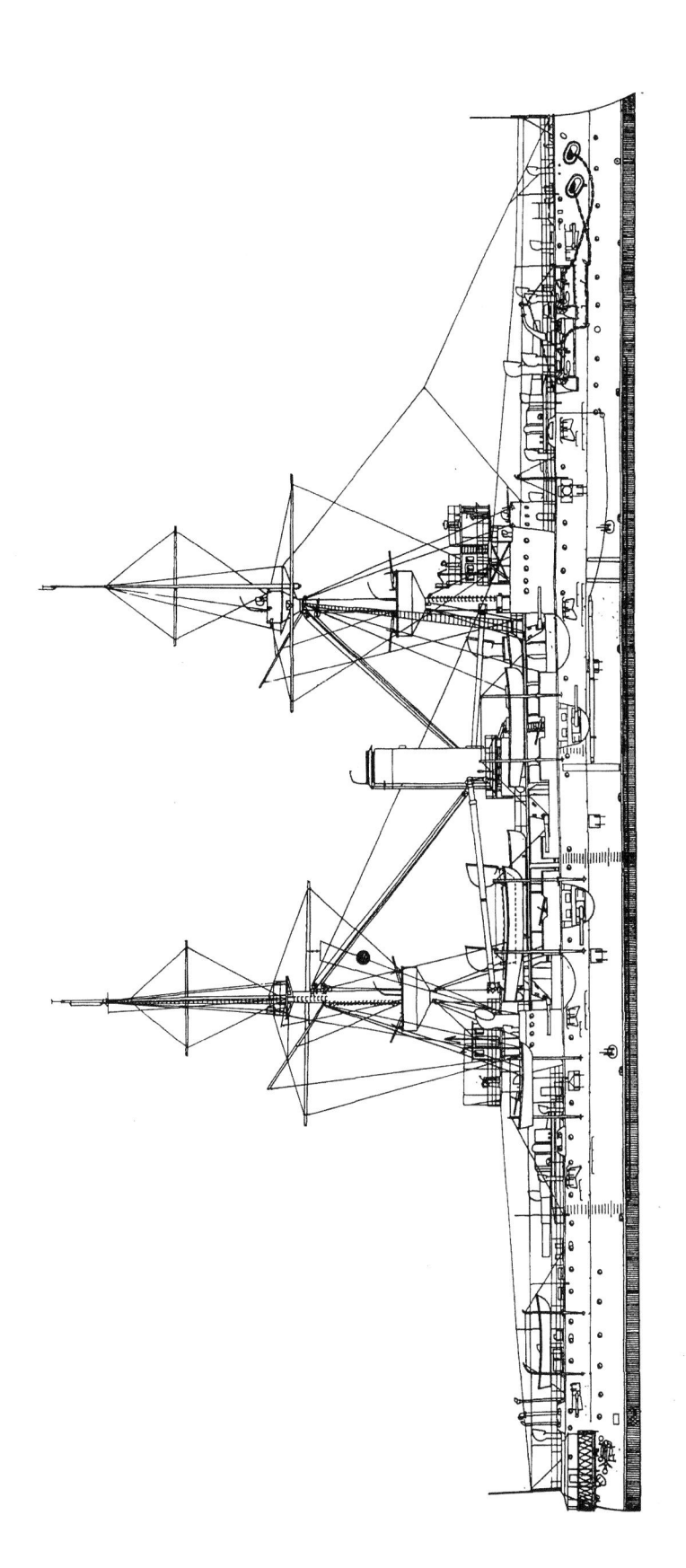

1892年时"君权"号的线图，其前后两个主炮的结构十分复杂。

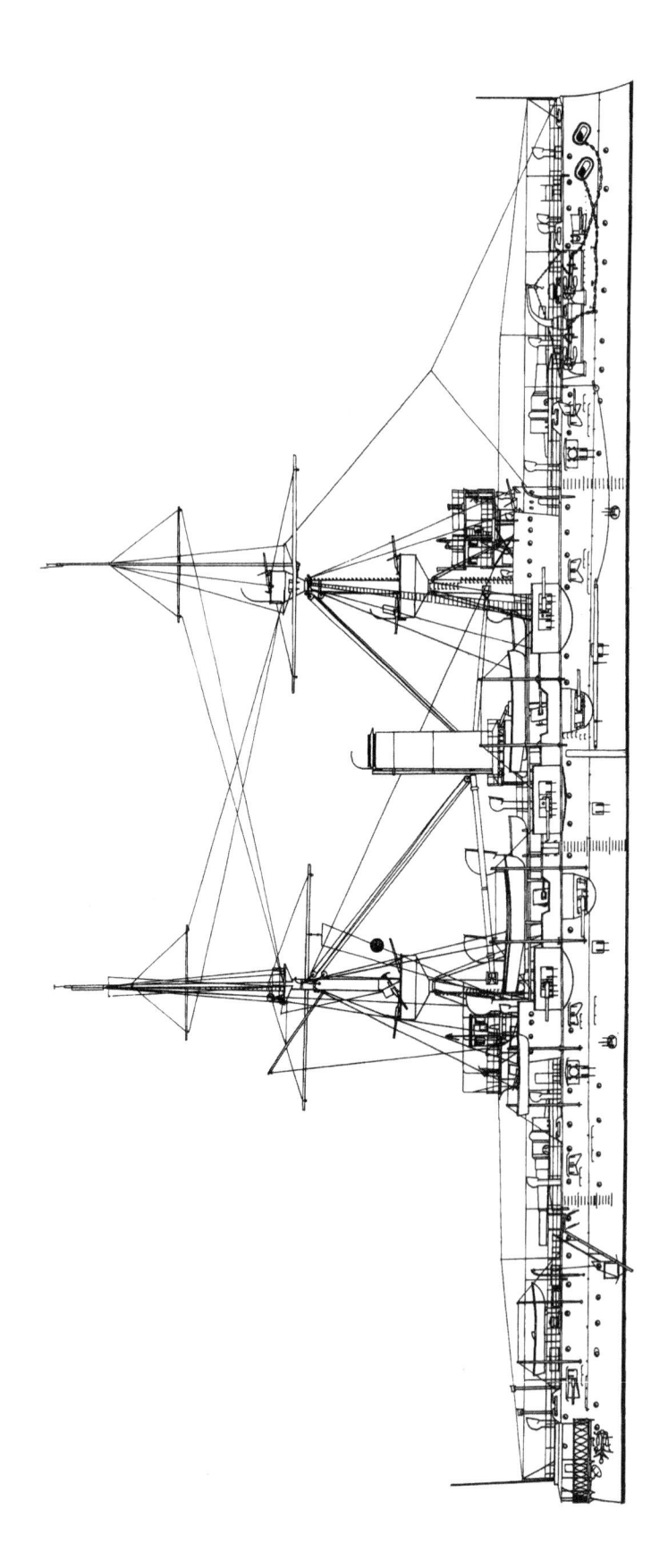

1905年时"君权"号的线图,其外形上已经具有了现代战列舰的特征。

▲ 在风浪中航行的"君权"号,高干舷提高了军舰的远洋航行性能。

◀ 朴茨茅斯维多利亚公园内纪念在1901年"君权"号爆炸事故中丧生官兵的纪念碑。

"胡德"号（HMS Hood）

"胡德"号由查塔姆造船厂建造，该舰于1889年8月17日动工，1891年7月30日下水，当天胡德爵士夫人参加了军舰的下水仪式。1893年5月，"胡德"号最终完成了海试，并于6月1日正式服役，其造价为926396英镑（当时币值）。"胡德"号的命名源于第一海军大臣海军上将阿瑟·胡德爵士，正是他的坚持才使得"君权"级中出现了一艘与众不同的低干舷、全防护炮塔战列舰，这艘战舰便是以他的名字命名的。

"胡德"号服役之后便被派往地中海，但是由于在航行中舰体受到过度的压力，其前部舱室的铆接处开裂，于是修理了两天。1893年6月18日，结束维修的"胡德"号离开了希尔内斯前往地中海。7月3号，"胡德"号抵达马耳他，替代了"巨人"号战列舰。在1897至1898年的希土战争（Greco-Turkish War）期间，"胡德"号加入了由多国军舰组成的联合舰队，对克里特岛进行封锁并且负责维持当地的秩序。

1900年4月，"胡德"号接到了回国的命令，并于4月29日到达查塔姆造船厂接受维修。7个月后，结束维修的"胡德"号在1900年12月12日接替老式铁甲舰"雷神"号担任彭布罗克的警戒舰。

1901年，"胡德"号回归地中海舰队。1902年5月1日，海军上校罗伯特·劳里（Robert Lowry）开始担任舰长一职。"胡德"号参加了1902年在凯法利尼亚岛和摩里亚半岛附近的演习。演习结束两天后，"胡德"号便在一次事故中损失了它的船舵，于是

▲ 老式铁甲舰"雷神"号，其外形上有一丝憨厚的感觉。

▲ "巨人"号战列舰油画，它是二等战列舰"巨人"级首舰。海军防卫法案之前的战列舰更多的属于铁甲舰范畴。

海面上的"胡德"号战列舰,其全防护的炮塔明显不同于其他"君权"级战列舰。

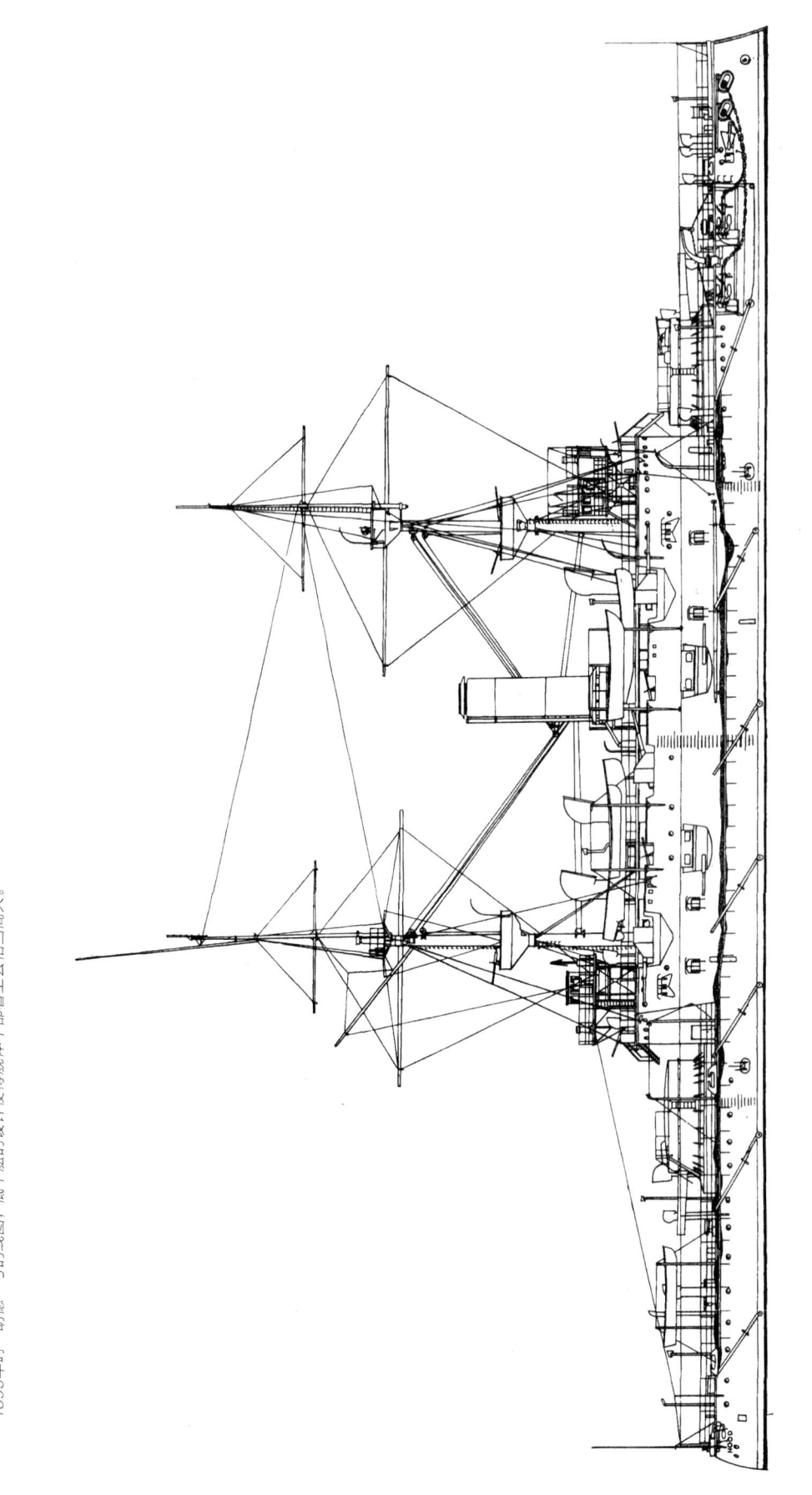

1893年时"胡德"号的线图,低干舷的设计使得舰体中部看上去相当高大。

其进入马耳他进行临时维修，然后返回英国的达塔姆造船厂接受进一步的维修，期间其拆除了4具鱼雷发射管。

1903年6月25日，"胡德"号加入了本土舰队，接替了"柯林伍德"号战列舰。"胡德"号在1903年8月参加了在葡萄牙海岸附近举行的演习。1904年9月28日，"胡德"号被"罗素"号替代，它成为一艘储备舰停泊于德文波特。1909年4月，"胡德"号在德文波特进行改造，之后在爱尔兰的昆士顿作为接待舰使用。1910年9月，"胡德"号重新服役并成为高级海军军官学院的旗舰。1911年，"胡德"号进入科克港并成为一艘人口普查船。

到了1911年末，"胡德"号被拖至朴茨茅斯港准备出售。但是1913年后，"胡德"号有了新的使命，其在安装了水下防御突出部后秘密进行了一系列水下防御试验。1914年8月，"胡德"号再次出现在皇家海军的出售名单中。就在等待出售的时候，第一次世界大战

▲ "柯林伍德"号老式战列舰，其舷侧挂着防鱼雷网支架。

▲ "胡德"号战列舰正面和左后舷特写。

▲ 为了防止德国潜艇秘密潜入，凿沉于波特兰港入口处的"胡德"号战列舰。

▲ 退出现役的"胡德"号战列舰。

爆发了。为了防止德国潜艇的袭击,"胡德"号作为阻塞船被凿沉于波特兰港的航道上,于是它有了一个外号"老铁墙"(Old Hole in the Wall)。有趣的是,尽管已经被凿沉,但是"胡德"号仍然出现在1916和1917年皇家海军的出售名单中。

由于低干舷的航海性能差,"胡德"号长期在风平浪静的地中海上服役。作为"君权"级中的异类,采用低干舷的"胡德"号是最后一艘低干舷战列舰,也是最后一艘采用传统意义上"炮塔"的战列舰。作为一战中的阻塞船,"胡德"号的残骸一直保留至今。

"印度皇后"号（HMS Empress of India）

"印度皇后"号由彭布罗克造船厂建造，该舰于1889年7月9日动工，1891年5月7日下水。1893年9月11日完成海试的"印度皇后"号加入海峡舰队，担任第二旗舰。1894年8月2日至5日，"印度皇后"号参加了在爱尔兰和英国海岸附近举行的演习，并且加入了"蓝队"。1895年6月，作为英国海军舰队的一员，"印度皇后"号参加了德国威廉皇帝运河的开通仪式。这年夏天，它又参加了一年一度的夏季演习。

1897年6月7日，"印度皇后"号结束了在海峡舰队的服役，前往查塔姆港接受维修。1897年6月8日，"印度皇后"号被调往地中海舰队服役，不过在启程前，它参加了6月26日庆祝维多利亚女王登基60周年的大型庆典活动。

◀ 停泊中的"印度皇后"号，可以看到主桅上的小口径火炮。

▼ "印度皇后"号舰艏的2门120毫米炮，照片拍摄于第一次世界大战期间。

1897至1898年，在希土战争期间，"印度皇后"号加入了由多国军舰组成的联合舰队，对克里特岛进行封锁并且负责维持当地的秩序。1900年12月24日，"印度皇后"号前往马耳他取代了"怨仇"号战列舰。

1901年10月12日，"印度皇后"号抵达德文波特，它于13日在爱尔兰的昆士顿替代了"豪"号战列舰的位置，成为高级海军军官学院的旗舰。1902年，"印度皇后"号前往朴茨茅斯接受大规模维修。1902年5月7日，完成维修的"印度皇后"号加入本土舰队，并且担任旗舰。1902年5月7日，"印度皇后"号参加了爱德华七世的海上阅兵，并成为海军上将佩勒姆马勒·奥尔德利奇（Pelham Aldrich）的旗舰。"印度皇后"号在1903年8月参加了在葡萄牙海岸附近举行的演习，其隶属于"B"舰队。在演习中，"印度皇后"号的左侧蒸汽机抛锚了14个小时，其落在了舰队后面。1904年6月1日，同级的"皇家橡树"号取代了"印度皇后"号在本土舰队中的位置。1905年2月22日，战列舰"汉尼拔"号取代了"印度皇后"号在本土舰队中的职责。

1905年2月23日，"印度皇后"号回到德文波特成为储备舰队的旗舰。1905年7月，"印度皇后"号参加了储备舰队演习。9月，防护巡洋舰"风神"号（HMS Aeolus）取代了其在储备舰队中的位置和职责，不过10月31日，"印度皇后"号再次成为储备舰队的旗舰。之后的1906年，"印度皇后"号又接受了维修。

1906年4月30日，"印度皇后"号在朴茨茅斯港内与A10号（HMS A10）潜艇相撞。1907年2月，储备舰队解散并被归入本土舰队，而"印度皇后"号继续担任旗舰。1907年5月28日，防护巡洋舰"尼俄伯"号代替了"印度皇后"号成为本土舰队的旗舰，而"印度皇后"号成为特殊服务舰。

1906年，当革命性的"无畏"号战列舰服役后，"印度皇后"号便无法逆转地落后了。1912年，"印度皇后"号退役并在防护巡洋舰"勇士"号的引导下前往锚地，但是途中与德国的一艘三桅帆船相撞。由于事故，"印度皇后"号返回朴茨茅斯维修，后来便一直停泊在锚地中。

1913年11月4日，"印度皇后"号进入莱姆湾作为靶舰用于训练皇家海军在实战中的舰对舰射击能力，特别是舰队航行中对同一目标的射击能力。对"印度皇后"号进行射击的英国海军战舰包括轻巡洋舰"利物浦"号，前无畏舰"雷神"号、"俄里翁"号、"英王爱德华七世"号，无畏舰"尼普顿"号、"英王乔治五世"号、"雷神"号和"前卫"号。在遭到包括44枚343毫米和305毫米主炮炮弹的直接命中之后，"印度皇后"号于16时45分开始着火，最终于18时30分沉没，它的残骸今天依然在莱姆湾中。

▲ 在船坞中接受维修的"印度皇后"号，其舰艉飘扬着皇家海军的旗帜。

停泊中的"印度皇后"号战列舰,可以看到两名水兵正在清理舰艏的锚链。

"拉米伊"号（HMS Ramillies）

"拉米伊"号由约翰·布朗公司建造，该舰于1890年8月11日动工，1892年3月1日下水。1893年10月17日，正式在皇家海军服役的"拉米伊"号加入地中海舰队，并且升起了海军上将迈克尔·西摩尔（Michael Culme-Seymour）的将旗。1893年11月8日，"拉米伊"号抵达马耳他，并且替代了"无双"号战列舰的旗舰位置。

1899年7月，"拉米伊"号成为地中海舰队的专属舰，代替了"声望"号战列舰的旗舰位置。1900年1月12日，"拉米伊"号不再担任地中海舰队的旗舰，而成为海军少将查尔斯·贝雷斯福德的旗舰。1902年，由于海军上将沃森生病，"拉米伊"号留在马耳他，错过了在希腊的大演习。不过在1903年的葡萄牙大演习之中，"拉米伊"号随舰队参加，然后它便离开了地中海返回英国，并在查塔姆造船厂接受维修。

1905年4月25日，"拉米伊"号将船员派往"伦敦"号战列舰上。第二天，"拉米伊"号和它的新船员们进入储备舰队服役。1906年1月30日，"拉米伊"号又将船员派往"阿尔柏马尔"号战列舰上。6月，"拉米伊"号参加了大西洋舰队、海峡舰队和储备舰队共同举行的演习。在演习中的6月16日，"拉米伊"号与姐妹舰"决心"号相撞，其舰体受损严重，螺旋桨也无法使用。11月6日，"拉米伊"号的船员前往"阿非利加"号战列舰上，战舰则留在德文波特港内接受维修。

1907年3月9日，"拉米伊"号在消减了船员数量之后开始在本土舰队的特别服务中队（Special Service Division）中服役。1910年10月，"拉米伊"号成为本土舰队第4分舰队的母舰。1911年6月，同级舰"皇家橡树"号代替了"拉米伊"号在分舰队中的母舰位置。

"无畏"号战列舰服役后，"拉米伊"号明显落伍，其在1911年8月成为储备舰。1913年7月，"拉米伊"号舰上的装备开始被拆除，其最终在10月7日被卖掉。1913年11月，残存的"拉米伊"号最终被拖往意大利拆解。

▲ 后升任海军上将的查尔斯·贝雷斯福德（Charles Beresford）。

▲ 1899年左右的"拉米伊"号。

▲ 停泊在海面上的"拉米伊"号,可以看到许多船员聚在前甲板上。

▲ "拉米伊"号右后舷部位特写。

"却敌"号（HMS Repulse）

"却敌"（又称"反击"）号由彭布罗克造船厂建造，该舰于1890年1月1日动工，1892年2月27日下水。1894年4月25日，正式加入皇家海军的"却敌"号代替了"罗德尼"号战列舰成为海峡舰队的旗舰。1894年8月，"却敌"号参加了在爱尔兰和英国海岸附近的演习，并且加入"蓝队"。1895年6月，作为英国海军舰队的一员，"却敌"号参加了德国威廉皇帝运河的开通仪式。1895年7至8月，"却敌"号参加了一年一度的军事演习。1896年7月，"却敌"号再次参加军事演习，并加入了"A"舰队。

1897年6月26日，"却敌"号参加了维多利亚女王登基60周年的大型庆典活动。1897年7月，"却敌"号参加了在爱尔兰海域举行的年度军事演习。1899年7至8月，"却敌"号参加了大西洋上的演习并加入了"A"舰队。

1900年2月4日，"却敌"号遇到一股大浪而与一艘船只相撞。同年8月，修复的"却敌"号进入大西洋并参加了当年的演习。1901年10月27日，"却敌"号因为锚陷入海底的淤泥中，经过两个小时的抢修还是发生损坏。1902年4月5日，"却敌"号离开英国加入地中海舰队。1902年9月29日至10月6日，"却敌"

▲ "却敌"号343毫米主炮炮塔内部的结构，照片拍摄于1892年其下水后不久。

▲ 建造中的"却敌"号。

▲ 停泊在码头上的"却敌"号战列舰，其甲板以上的建筑刷了白色油漆。

号跟随地中海舰队参加了在凯法利尼亚岛和摩里亚半岛附近的演习。

结束了在地中海的服役，"却敌"号于1903年11月29日离开马耳他，并于1903年12月10日抵达朴茨茅斯。1904年2月5日，"却敌"号开始在查塔姆造船厂接受全面改造。改造完成之后，"却敌"号在查塔姆造船厂一直呆到1905年1月3日，这段时间其主要任务是负责训练新船员。1906年11月27日，"却敌"号将船员派往"无阻"号战列舰，然后开始接收并训练新的船员。

1907年2月25日，"却敌"号离开查塔姆造船厂前往德文波特，其在那里成为一艘特殊任务舰。1910年8月2日，"尊严"号战列舰替代了"却敌"号的位置。"却敌"号在1910年12月前往朴茨茅斯，并于1911年2月退役。退役后的"却敌"号在1911年7月被售出，然后在莫克姆被拆解。

"决心"号（HMS Resolution）

"决心"号由帕尔莫斯造船和钢铁公司建造，该舰于1890年6月14日动工，1892年5月28日下水。1893年12月5日，正式加入皇家海军的"决心"号加入海峡舰队。1893年12月18日，"决心"号离开朴茨茅斯前往直布罗陀。

1893年12月19至20日，"决心"号遭遇了少见的恶劣天气，当时海面上的巨浪高达12.8米。在恶劣的海况条件下，"决心"号的舰体发生了大幅度的横摇，甚至一度达到了40度。这次意外使得"决心"号的甲板遭到了一定程度的损坏，也使得"君权"级战列舰的航海性能遭到了质疑，这也最终促使怀特为该级战列舰设计安装了舭龙骨。

1894年8月初，"决心"号参加了当年的演习，并在演习中成为"红队"的一员。1895年4月9日，"决心"号加入了海峡舰队。1896

▲ 正面高速航行中的"决心"号战列舰。

▲ 服役后不久的"决心"号战列舰，甲板上舰桥上站满了船员。

年7月18日,"决心"号与同级的"却敌"号发生相撞事故,龙骨受到了轻微的损伤。1896年7月24至30日,"决心"号参加了当年的演习,并加入了在英国海岸西南方向上的"A"舰队。

1897年6月26日,"决心"号参加了维多利亚女王登基60周年的大型庆典活动。1899年7月29日至1899年8月4日,"决心"号参加了在大西洋上的演习。第二年夏天,"决心"号又参加了年度演习,这次它加入了"A2"舰队。

1901年10月9日,"决心"号回到朴茨茅斯并转为储备舰。但是当年的11月17日,"决心"号重新服役并加入了霍利黑德的海岸警卫舰队。1903年4月8日,"决心"号再次转为储备舰并接受了维修。1904年,"决心"号又一次服役并替代了"无双"号战列舰成为梅德韦港的警戒舰。1904年6月20日,"决心"号在查塔姆又一次转为储备舰。

1906年7月15日,"决心"号与同级舰"拉米伊"号相撞,这一年年末,其在查塔姆造船厂接受维修。1907年2月12日,"决心"号加入了本土舰队的特别服务中队。1911年8月8日,"决心"号退役并进入了废船区停泊。1914年4月2日,"决心"号被出售,并于当年5月拖至荷兰拆解。

"可畏"号(HMS Revenge)

"可畏"号由帕尔莫斯造船和钢铁公司建造,该舰于1891年2月12日动工,1892年11月31日下水,1894年3月服役。服役之后,"可畏"号一直待在朴茨茅斯,直到1896年1月14日加入了机动舰队(Flying Squadron,又称飞行中队),并担任旗舰。

1896年中期,南非发生了詹姆森袭击事件(Jameson Raid),英国认识到国际冲突不断加剧,于是解散了机动舰队。同年11月5日,"可畏"号加入了地中海舰队。1897年2月至1898年12月的希土战争时期,"可畏"号参加了对克里特岛的封锁。在此期间,"可畏"号曾经运载皇家海军陆战队登陆克里特岛夺取一座堡垒,后来它又前往干地亚支援英国陆军的行动。

1899年12月15日,"可畏"号回到马耳他继续在地中海舰队中服役。1900年4月,"胜利"号战列舰替代了"可畏"号,"可畏"号

▲ "可畏"号战列舰,其舰体中部的吊车正在吊起一艘小艇。

▲ 1892年正在进行海试的"可畏"号战列舰。

于是返回英国，在查塔姆造船厂进行改造并安装了无线电报机等设备。1901年4月18日，"可畏"号替代了"亚历山德拉"号的位置成为位于波特兰的海岸警卫舰队的旗舰。1902年，"可畏"号返回朴茨茅斯进行维修，其中包括为47毫米炮加装防盾。期间，"可畏"号的船员被派到"赫刺克勒斯"号上。经过改装的"可畏"号后来于1902年末成为本土舰队的旗舰。1904年4月，"可畏"号与同级的"皇家橡树"号跟随本土舰队来到英国西南部的锡利群岛，两艘军舰在这里与沉船相撞并造成了船底受损。

1905年4月，"可畏"号参加了储备舰队的演习，然后在8月转为储备舰。1905年9月1日，"可畏"号进入朴茨茅斯储备舰队服役。1906年6月，"可畏"号作为射击训练舰前往朴茨茅斯，并且与"卓越"号一起建立了海岸防御线。

▲ "可畏"号的正脸照，除了2门露天的343毫米主炮，可以看到舰桥上的47毫米速射炮。

▼ 高大桅杆上挂满彩旗的老式铁甲舰"亚历山德拉"号。

1908年6月13日,"可畏"号与一艘商船相撞。1908年10月,安装了新型343毫米主炮的"可畏"号与"爱丁堡"号战列舰展开了模拟对抗。1912年1月7号,在朴茨茅斯的"可畏"号在与"俄里翁"号战列舰的相撞中受损。1913年5月15日,"可畏"号代替"阿尔柏马尔"号成为射击训练舰,之后其转为储备舰停泊在锚地中。

第一次世界大战爆发后,"可畏"号被用于对佛兰德斯海岸进行炮击。1914年9至10月,"可畏"号在朴茨茅斯进行改造,安装了新型火炮。改造完成的"可畏"号在1914年10月31日替代了"庄严"号。1914年11月5日,"可畏"号再次加入一线作战部队,并与战列舰"阿尔柏马尔"号、"康沃利斯"号、"邓肯"号、"埃克斯茅斯"号和"罗素"号组成了新成立的海峡舰队第6战列舰分舰队。1914年11月14日,第6战列舰分舰队计划对德国潜艇基地进行袭击,但是后来行动因为恶劣天气而取消。

"可畏"号第二次参战是在1914年11月22日,它与1艘英国炮舰、6艘英国驱逐舰、4艘法国驱逐舰和1艘法国鱼雷艇对位于比利时尼乌波特的德军阵地进行了炮击。1914年12月15日,"可畏"号再次执行炮击德军重炮阵地的任务。在与德军火炮的对射中,"可畏"

▲ 停泊在朴茨茅斯的"可畏"号战列舰。

号被两枚203毫米炮弹击中,其中一枚炮弹撕开了其水下的装甲,造成了大量进水。尽管受伤,但是12月16日,"可畏"号再次对德军阵地进行炮击。

1915年4至5月,"可畏"号在查塔姆造船厂安装了水线下的防鱼雷突出部,它成为第一艘安装这种防御结构的一线作战舰艇。1915年8月,"可畏"号改名为"HMS Redoubtable"。9月7日,"可畏"号重新回到战斗中,它与两艘炮舰一起炮击了位于奥斯坦德的德军部队和位于西弗拉芒的德军营房和炮兵阵地,这次行动给德军造成了很大的人员伤亡。

1915年10至12月,"可畏"号接受了战时改造,之后就没有再参加战斗了。直到1919年2月,"可畏"号一直在朴茨茅斯作为宿舍船使用。作为"君权"级中服役最久的成员,"可畏"号最终在1919年12月被卖掉。

"皇家橡树"号(HMS Royal Oak)

"皇家橡树"号由凯莫尔·莱尔德造船厂建造,该舰于1890年5月29日动工,1892年11月5日下水。1896年11月25日,"皇家橡树"号在朴茨茅斯加入了海峡舰队。

1897年5月9日,"皇家橡树"号加入了地中海舰队以替代"科林伍德"号战列舰。"皇家橡树"号于1897年3月24日离开朴茨茅斯,并于同年4月5日抵达马耳他。1902年6月7日,"皇家橡树"号替代了地中海舰队的"堡垒"号战列舰。

"皇家橡树"号于1902年6月6日抵达朴茨茅斯,很快该舰就在查塔姆造船厂接受维修。1903年2月16日,"皇家橡树"号在朴茨茅斯加入了本土舰队,它替代了"尼罗河"号战列舰并且接收了该舰的主要船员。1903年的夏天,"皇家橡树"号参加了各舰队在大西洋上举行的联合演习。1904年4月,"皇家橡树"号跟随本土舰队来到英国西南部的锡利群岛,在这里其船底与一艘沉船相撞并造成了船底受损。

1904年5月9日,"皇家橡树"号替代同级的"印度皇后"号,成为本土舰队副指挥官的坐舰。同年7至8月,"皇家橡树"号参加了当年的年度演习。1905年3月7日,"皇家橡树"号在朴茨茅斯转入查塔姆的储备舰队,它的

▲ 航行中的"皇家橡树"号,可以看到其舰艉甲板上有两艘救生艇。

▲ 老式的低干舷战列舰"尼罗河"号,属于"特拉法尔加"级。

▲ 刚刚加入现役的"皇家橡树"号战列舰。

船员被派往"凯撒"号战列舰上。1905年3月8日,"皇家橡树"号和它的基本船员重新服役,并且在本土舰队中的梅德韦-查塔姆分队(Sheerness-Chatham Division)中服役。在此期间,"皇家橡树"号在查塔姆造船厂进行维修。1905年5月11日,维修中的"皇家橡树"号发生了爆炸,造成了1人死亡,3人受伤。

1905年7月,"皇家橡树"号参加了储备舰队演习,后来该舰的船员被派往"海洋"号战列舰。作为替代,一组主要部门的船员登上"皇家橡树"号,该舰成为紧急储备舰。1906年6月12日至7月2日,"皇家橡树"号作为"蓝队"第一分队的乘员参加了葡萄牙海岸和大西洋东部的演习。

1907年1月1日,"皇家橡树"号在德文波特重复服役,当时舰上只有基本船员。1909年4月,"皇家橡树"号和其他储备舰组成了本土舰队第4分舰队。1911年6月,"皇家橡树"号替代了"拉米伊"号成为分舰队的母舰,而它的位置后来被同级的"印度皇后"号替代。

"无畏"号出现后,"皇家橡树"号就因为过时于1911年12月退役。1912年8月,"皇家橡树"号被拖至锚地并在1914年1月14日出售拆解。

1889年海军防卫法案

《1889年海军防卫法案》源自1888年夏天英国皇家海军举行的年度演习,在这次演习中英国海军重演了之前百年间对法国海军的近岸封锁战术,但是演习中扮演法国舰队的舰艇却突破了英国海军的封锁,并对英国东南部沿海的工业城市进行了"炮击"。1888年演习出人意料的结果引起了英国上下的轩然大波,从平民到国会纷纷怀疑曾经多次救英国于危亡的皇家海军是否还有保卫国家的能力。

1888年的演习从某种程度上已经暴露了皇家海军存在的问题和不足,进一步加强海军力量对英国来说刻不容缓。尽管面临这样的现实,但是由于多种因素的影响,英国议会最初反对增加海军军费。1888年12月至1889年2月,皇家海军表现出了欠佳和不稳定的状态,而此时法国和俄国海军力量的增长又进一步增加了英国海军的压力。面对英国民众越来越大的压力,议会最终于1889年5月31日通过了《1889年海军防卫法案》(Naval Defence Act 1889)。

《1889年海军防卫法案》为皇家海军提供了额外的2150万英镑,用于皇家海军舰队的扩张。海军计划在5年内建造10艘新型战列舰、42艘巡洋舰、18艘鱼雷艇和4艘高速炮艇,其中又将战列舰作为重中之重。《1889年海军防卫法案》通过之后,8艘"君权"级战列舰和2艘"百人队长"级二级战列舰开工建造,其中的"君权"级是当时世界上最强大的战列舰,远超过法国和俄国海军装备的战列舰。作为巡洋作战和保护海外殖民地及航线安全的巡洋舰也得到重视,共有9艘一级巡洋舰、29艘二级巡洋舰和4艘三级巡洋舰开始建造。除了战列舰和巡洋舰,新建的鱼雷艇任务是掩护舰队作战。

《1889年海军防卫法案》背后具有深远的军事和经济原因。在军事上,当时的第一海军大臣乔治·汉密尔顿(George Hamilton)指出新的造舰计划要压制其他国家发展海军力量的野心,抑制这些国家海军力量的增长,这样英国在未来就无需将更多的人力和物力投入到造舰项目中;在经济上,大规模造舰计划得以顺利实施完全得益于议会通过的法案,根据法案大量的资金在短时间内及时到位。充足的资金使得各造船厂可以开足马力建造军舰,5年周期中每一年的剩余经费都可以累积到下一年的造舰项目之中,相对于之前因为资金不足而长期无法竣工的造舰项目,持续的建造其实大大降低了成本。战舰建造周期的缩短也使得英国拥有比对手更快的海军扩张速度。

《1889年海军防卫法案》规定英国皇家海军所拥有的主力舰数量不得少于世界第二(法国)和第三(俄国)海军强国主力舰数量之和,这就是著名的"两强标准"(Two-Power-Standard)。其实在《1889年海军防卫法案》通过之前,英国已经保持这个传统70年了(尽管一直没有达到),在1850年前后其曾经短暂地达到了这个标准。尽管英国已经拥有了世界上最强大的海军力量,但是"两强标准"第一次通过法案被确定下来,这也标志着英国这个海上霸主将自己的目标提高到一个更高的水平。

实际上,《1889年海军防卫法案》的确使得英国皇家海军的装备水平和整体力量在短时间内有了长足的进步,而且大量军舰的建造也促进了英国造船工业的发展。不过与乔治·汉密尔顿预想不同的是,面对英国海军压倒性的优势,法国和俄国并没有坐以待毙。就在英国开始建造10艘战列舰后不久,这两个国家就建造了12艘新型战列舰作为回应。无论是军事上还是经济上,《1889年海军防卫法案》都没有达到其深层次的目的,不过法案却直接促进了皇家海军的发展和前无畏舰时代的到来。

"百人队长"级（Centurion class）

19世纪末，随着各国海军力量的发展，英国皇家海军意识到其在远东太平洋地区正受到威胁，必须部署新型战列舰。得益于《1889年海军防卫法案》的通过，皇家海军开始了大规模的造舰计划，新舰艇开始设计建造。为了对付远东对手的装甲巡洋舰，英国设计师威廉·亨利·怀特爵士在其设计的"君权"级战列舰基础上进行了小型化改良，"百人队长"级战列舰就这样诞生了。

从舰体结构上看，"百人队长"级其实就是"君权"级的缩小版，其沿用了"君权"级首创的高干舷舰体设计，这对于强调远洋航行性能的"百人队长"级很重要。"百人队长"级舰长109.7米，舰宽21.3米，吃水7.8米，标准排水量10500吨。

"百人队长"级的武器系统包括：4门254毫米BL型主炮，4门火炮以2门为一组安装在前后两座位于中轴线上的封闭炮塔中，这也是1890年后建造的英国战列舰第一次安装现代化的全封闭装甲炮塔；10门120毫米速射炮安装在舰体中部，每侧有5门，分上下层配置，其中位于下面的2门火炮在舰体装甲带内，上面的3门火炮只有防御破片的防盾保护；除了主炮和副炮，"百人队长"级上还安装有8门57毫米火炮和12门47毫米火炮，这些小口径火炮分布在舰体、上层建筑和桅盘上；"百人队长"级上有7具450毫米鱼雷发射管，其中4具位于舷侧水线以上，2具位于水线以下，还有1具在舰艉。

防御上看，"百人队长"级较"君权"级降了一个档次，其位于舷侧的主装带中部装甲厚达305毫米，向两侧装甲厚度减少至229毫米，在主装甲带上面的舷侧部分安装了厚102毫米的镍钢装甲。"百人队长"级的指挥塔装甲厚305毫米，舱壁203毫米，主炮炮塔装甲厚152毫米，炮座装甲厚127至229毫米，甲板装甲厚度在51至64毫米之间。

"百人队长"级安装了8座单头圆筒锅炉，2座三汽缸立式三胀式蒸汽机，以两轴推进。"百人队长"级共有两根烟囱，这两根烟

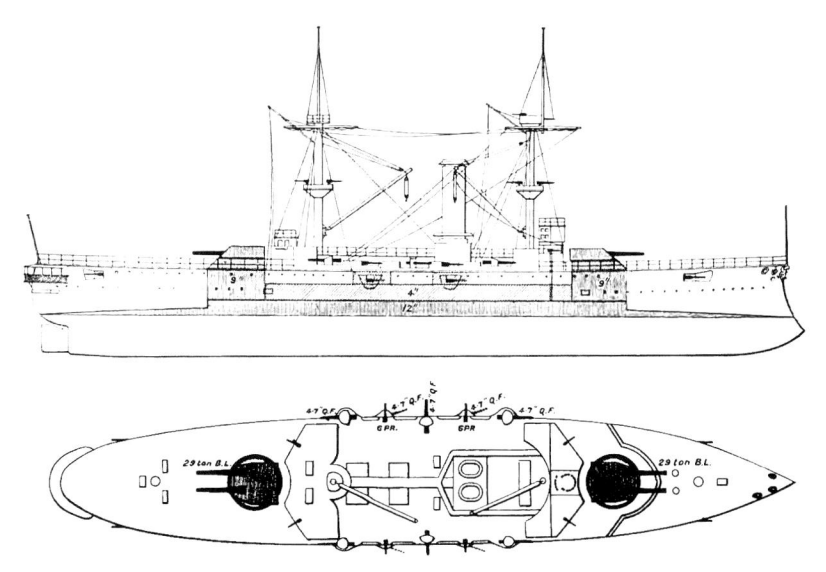

▲ "百人队长"级线图，可以清楚地看到装甲和火炮的分布。

囱是并排排列在一起。以蒸汽机提供动力的"百人队长"级输出功率为9000马力,强压通风时能够达到11000马力,其最高航速超过18.5节。"百人队长"级设计的燃煤储备量超过之前的"君权"级,其续航能力达到了破纪录的6000海里。

1890年3月30日,"百人队长"级的首舰"百人队长"号战列舰在朴茨茅斯造船厂开工建造,该级的第二艘"巴弗勒尔"号在查塔姆造船厂建造。两艘"百人队长"级战列舰都在1892至1894年间下水并服役。后来的服役中,皇家海军发现"百人队长"级上安装的120毫米炮火力稍显不足,于是在改造中将位于上层甲板上的6门120毫米炮换成了152毫米炮。为了弥补火炮增加的重量,"百人队长"级取消了5具鱼雷发射管并减轻了桅杆上的重量。尽管如此,增加的重量还是影响了军舰的速度,改造后的"百人队长"级航速降至16.75节。

虽然在"君权"级之后设计建造,但是火力和防御都明显降低的"百人队长"级只能算是二级战列舰。其实"百人队长"级的设计初衷就不是参加大舰队作战,与对方的主力舰对轰。"百人队长"级的任务是凭借其优异的高航速和超远的航程保护大英帝国远在天边的利益。"百人队长"级在火力和航速上完全可以压倒当时各国海军中大量服役的装甲巡洋舰,当遇到对方战列舰时它又可以凭借高航速逃之夭夭。作为二级战列舰,"百人队长"级终究无法成为皇家海军的舰队主力,不过在其长时间服役的远东地区,它们的优势却是显而易见的。正是"百人队长"级存在使得英国皇家海军在远东太平洋地区保持着海军优势,而该级中两艘舰丰富的服役经历将它们的名字留在了19世纪末至20世纪初的历史中。

"百人队长"级战列舰一览表

舰名	译名	建造船厂	开工日期	下水日期	服役日期	命运
HMS Centurion	百人队长	朴茨茅斯造船厂	1890.3.30	1892.8.3	1894.2.14	1909年4月1日退役,1910年7月12日出售拆解
HMS Barfleur	巴弗勒尔	查塔姆造船厂	1890.10.12	1892.8.10	1894.6.22	1909年6月退役,1910年7月12日出售拆解

基本技术性能	
基本尺寸	舰长109.7米,舰宽21.3米,吃水7.8米
排水量	标准10500吨
最大航速	18.5节
动力配置	8座燃煤锅炉,2座3汽缸立式三胀式蒸汽机,9000马力
武器配置	4×254毫米火炮,10×120毫米火炮,8×57毫米火炮,12×47毫米火炮,7×450毫米鱼雷发射管
人员编制	620名官兵

"百人队长"号（HMS Centurion）

"百人队长"号由朴茨茅斯造船厂建造，该舰于1890年3月30日动工，1892年8月3日下水，1893年9月至1894年2月完成试航，1894年2月14日正式加入皇家海军并被派往远东的中国舰队（China Station）服役。

1894年3月2日，离开英国的"百人队长"号到达了埃及的塞得港，3月15日至4月11日，其停留在新加坡并代替装甲巡洋舰"跋扈"号成为中国舰队的旗舰。4月21日，"百人队长"号到达香港。

1896年6月，"百人队长"号在日本下关附近的一个沙洲搁浅，舰体受到一定的损坏。1897年4月1日，"百人队长"号回到香港并继

▲ 装甲巡洋舰"跋扈"号（HMS Imperieuse）。

▼ 在中国沿海航行的"百人队长"号，不远处有两艘中国帆船经过。

续担任中国舰队旗舰的职责。从1897年12月开始，"百人队长"号成为海军中将爱德华·西摩尔爵士（Sir Edward Seymour）的旗舰。

1897至1900年之间，为了镇压中国的义和团运动，"百人队长"号加入了在中国北方海域由各国军舰组成的联合舰队。1900年5月30日，"百人队长"号进入渤海，它派遣登陆先遣队参加了进攻大沽炮台的行动，后来它又参加了支援天津公使馆的行动。

1901年4月10日，停泊在上海的"百人队长"号在风暴中摆脱了固定缆绳，与"光荣"号战列舰冲角舰艏相撞，其舰体水线之下出现了一个大洞。撞击中造成的损伤对于"百人队长"号并不严重，其后来在香港得到了维修。

1901年6月，"百人队长"号结束了其在中国舰队的服役，它的旗舰位置由之前将其撞伤的"光荣"号取代。7月3日，"百人队长"号离开香港，8月19日返回朴茨茅斯。在朴茨茅斯，"百人队长"号受到了成千上万平民的欢迎，他们在码头和沙滩上向军舰招手致意。1901年8月21日，海军上将西摩尔降下了其在"百人队长"号上的旗帜，一个月之后该舰转为储备舰。

1901年9月至1903年11月，"百人队长"号在朴茨茅斯造船厂接受了全面的改造。1903年11月3日，"百人队长"号重新服役并被再次派往中国舰队服役。11月10日，"百人队长"号离开朴茨茅斯，11月17日抵达马耳他，11月25日到达塞得港，12月6日进入亚丁湾，12月27日到达新加坡。在1903年最后一天的12月31日，"百人队长"号再一次来到了香港。

1905年，英国和日本签订了同盟条约，这减轻了英国在远东地区的压力，英国也可

▲ 改为白色舰体涂装的"百人队长"号。

▲ 1903年停泊在查塔姆海军船厂的"百人队长"号。

以从这一地区调回一些大型战舰。当时英国皇家海军决定将中国舰队的所有战列舰全都抽调回国，其中就包括了"百人队长"号。1905年6月7日，"百人队长"号与"海洋"号战列舰一起离开香港，当两艘军舰到达新加坡时，与早已等候在那里的"阿尔比恩"号和"报复"号战列舰汇合。四艘战列舰于1905年6月20日离开新加坡，于8月2日抵达朴茨茅斯。

1905年8月26日，"百人队长"号成为储备舰队朴茨茅斯分舰队的核心成员，它参加了1906年6月由储备舰队、海峡舰队和大西洋舰队共同参加的演习。1907年5月24日，"百人队长"号将船员派往"埃克斯茅斯"号战列舰。5月25日，一批关键部门的船员登上"百人队长"号，它成为本土舰队第4分舰队位于朴茨茅斯的一艘特殊服务舰。

1906年，"无畏"号的诞生标志了"百人队长"号等老式战列舰的全面过时。1909年4月1日，"百人队长"号在其诞生地朴茨茅斯退役并出现在皇家海军的出售名单中。1909年底，"百人队长"号被拖至母亲滩(Motherbank)并转入待售区停泊。1910年7月12日，"百人队长"号被出售，其在1910年9月4日被拖往莫克姆拆解。

▲ 1909年退出现役等待拆解的"百人队长"号。

"巴弗勒尔"号（HMS Barfleur）

"巴弗勒尔"号由查塔姆造船厂建造，该舰于1890年10月12日动工，1892年8月10日下水。1894年6月22日，"巴弗勒尔"号转入后备舰队服役，其参加了1894年7至8月的年度演习，并于9月1日回到港口。

1895年2月26日，"巴弗勒尔"号被划归地中海舰队，该舰于3月19日离开英国。1895年3月23日，抵达直布罗陀的"巴弗勒尔"号取代了"无比"号战列舰的位置。"巴弗勒尔"号在直布罗陀临时接受了检修，然后在7月27日抵达马耳他开始了在地中海舰队中的服役生涯。1897年2月15日，"巴弗勒尔"号协助占领了克里特岛上的甘迪亚，在希土战争期间其主要任务是对克里特岛进行封锁。

1898年，"巴弗勒尔"号被借调给中国舰队，其于1898年2月6日离开马耳他，而这次借调也变成了正式的调遣。1898年3月4日，"巴弗勒尔"号抵达新加坡，后来其在驱逐舰"无名"号（HMS Fame）和"怀廷"号（HMS Whiting）的护送下前往香港。1898年10与1日，到达香港的"巴弗勒尔"号成为中国舰队副指挥官海军少将詹姆斯·布鲁斯爵士（Sir James Bruce）的座舰。1900年，海军上校乔治·沃伦德爵士（Sir George Warrender）成为该舰的新任舰长。

1899至1900年，"巴弗勒尔"号参加了镇压义和团运动的行动。1900年5月31日至9月，它参加支援天津公使馆的行动。后来成为大英帝国海军元帅的戴维·贝蒂伯爵（David Beatty, 1st Earl Beatty）在天津的战斗中受伤，就被送到了"巴弗勒尔"号上。

▲ 刚刚完工的"巴弗勒尔"号战列舰。

▲ 从右后舷观察"巴弗勒尔"号战列舰。

第二章 前无畏舰时代（上） /061

◀ 从左前舷观察"巴弗勒尔"号战列舰。

◀ *停泊在海面上的"巴弗勒尔"号战列舰，其高高的桅杆上悬挂着多面皇家海军旗。*

1900年9月，"阿尔比恩"号战列舰替代了"巴弗勒尔"号的位置，其于1901年结束了在中国舰队的服役。1901年11月11日，"巴弗勒尔"号离开香港并于12月31日抵达朴茨茅斯。1902年1月22日，"巴弗勒尔"号在德文波特开始接受为期两年的改装，其中包括换装新型火炮，整个改装于1904年5月结束。

1901年7月18日，刚刚结束改装不久的"巴弗勒尔"号就参加了军事演习，期间它与"卡诺珀斯"号战列舰相撞并轻微受损。之后，"巴弗勒尔"号返回德文波特进行维修，直到1905年2月。1905年2月21日，"巴弗勒尔"号接到命令接收了来自"复仇"号的船员，两艘战列舰在锡兰的科伦坡汇合，"巴弗勒尔"号搭载着后者的船员返回英国。5月7日，"巴弗勒尔"号抵达朴茨茅斯并转入储备舰队。6月，"巴弗勒尔"号搭载着来自伦敦皇家海军志愿后备队（Royal Naval Volunteer Reserve）的6名军官和105名水兵进行了一次训练航行。

1905年11月28日，"巴弗勒尔"号将船员派往"邓肯"号战列舰，然后其成为储备舰队朴茨茅斯分舰队的旗舰，此时其接收了一批新船员。1905至1906年，"巴弗勒尔"号接受了改装，其参加了1906年的演习。1906年9月20日，"巴弗勒尔"号重新服役。正是在这一年，储备舰队被取消，取而代之的是本土舰队，而"巴弗勒尔"号成为本土舰队朴茨茅斯分舰队的旗舰。1907年，"乔治亲王"号战列舰取代了它的位置，其成为一艘储备舰。

1907年3月5日，"巴弗勒尔"号以最少的基本船员编制服役，其成为朴茨茅斯分舰队的特殊服务舰。1909年3月，其被划归本土舰队的第4分舰队。1910年4月，"巴弗勒尔"号停止服役，6月，其被拖往母亲滩停泊并等待处理。1910年7月12日，"巴弗勒尔"号被出售，并在布莱斯进行拆解。

在等待出售时候，"巴弗勒尔"号有过一段不平凡的经历：1910年8月5日，当"巴弗勒尔"号经过泰晤士河时卡在了纽卡维尔的平转桥上。为了让这艘军舰通过，桥身只能开启并因此阻碍了交通，而"巴弗勒尔"号舰体上许多影响通过的部件在此期间也被拆卸了下来。

"声望"级（Renown class）

19世纪末，由于新型的12英寸（305毫米）火炮的研制工作落后，原本准备在1892年开工建造的3艘战列舰的开工日期也不得不被延后，皇家海军计划以一艘改进型的"君权"级战列舰替代没有动工的3艘战列舰。尽管没有做出明确的要求，但是皇家海军希望新型战列舰可以担任海外舰队的旗舰或者加强巡洋舰队的作战力量。新型军舰在设计上也受到了海军管制官（Controller of the Navy）、海军情报局局长（Director of Naval Intelligence）、海军少将约翰·费舍尔（John A. Fisher）等人意见的极大影响，他们认为新军舰可以作为其他两级在建战列舰的替代品。新型战列舰的设计任务落到了"君权"级战列舰总设计师——怀特爵士身上，他于1892年4月上旬提交了三个方案，海军部在4月11日选中了其中最小的方案。在该方案中，怀特爵士采用了许多创新性的设计：首次采用哈维装甲（Harvey armour），也就是通常所说的固体渗碳硬化钢，这种装甲是在钢板表面进行渗碳硬化处理，以提高装甲的防御力；首次采用了倾斜装甲甲板；首次为全部主要武器提供了装甲防护。采用了这些创新设计的新型战列舰被命名为"声望"级（又称"声威"级）。

"声望"级是以"君权"级为基础进行设计的，其虽然比"君权"级要小，但是却比"百人队长"级大。其沿用了"君权"级的高干舷舰体设计，舰长125.7米，舰宽22米，吃水8.3米，标准排水量12865吨，满载排水量13071吨。

"声望"级的武器系统包括：4门254毫米Mk III型主炮，4门火炮以2门为一组安装在前后两座位于中轴线的封闭装甲炮塔中，每门主炮的弹药基数为105枚；10门152毫米Mk II速射炮安装在舰体中部，每侧有5门，分上下层配置，其中位于下面的2门火炮在舰体装甲带内，上面的3门火炮安装在有装甲保护的上层建筑中；除了主炮和副炮，"声望"级上还安装有12门76.2毫米火炮（弹药基数200枚）和12门47毫米火炮（弹药基数500枚），这些小口径火炮分布在舰体、上层建筑和桅盘上；"声望"级上有5具457毫米鱼雷发射管，其中3具位于舰侧水线以上，2具位于水线以下。

从防御上看，"声望"级的装甲分布与"百人队长"级相似，不过它安装的是防御力更强的哈维装甲。"声望"级位于舰侧的主装甲带长64米，高2.3米，其中1.5米在水线以下。其位于舰侧的主装甲带中部装甲厚达203毫米，向两侧装甲厚度降至152毫米。在主装甲带上面的舰侧装甲带长54米，高2.1米，装甲厚度为152毫米。"声望"级的前指挥塔装甲厚229毫米，后指挥塔装甲厚152毫米。"声望"级的全防护炮塔采用了非常好的防弹外形，炮塔正面装甲厚152毫米、侧面装甲厚76毫米、顶部装甲厚25毫米，其炮座装甲厚254毫米。作为最早安装倾斜装甲甲板的英国战列舰，"声望"级顶部的倾斜装甲倾斜角度达到45度，在此之前这种装甲板只安装在巡洋舰上。"声望"级的前甲板厚51毫米，前主炮至舰艉的甲板厚度为76毫米，中部上层建筑的顶部装甲厚102毫米。

"声望"级安装了8座单头圆筒锅炉，2座三汽缸立式三胀式蒸汽机，以两轴推进。"声望"级共有两根烟囱，这两根烟囱是并排排列在一起。以蒸汽机提供动力的"声望"级输出功率为10000马力，航速17节，在海试时

▲ 约翰·费舍尔，这位后来将成为第一海军大臣的人将给皇家海军带来深远的影响。

"声望"号战列舰的线图,其前后主炮相当高大,舰体两侧挂着许多救生艇。

最高航速达到了18.75节。"声望"级设计的燃煤储备量达到了1920吨，其续航能力超过"百人队长"级，达到了6400海里。

1893年2月1日，"声望"级中唯一一艘的"声望"号战列舰在彭布罗克造船厂开工建造，该舰在1895年5月8日下水，1897年6月8日服役。

同"百人队长"级战列舰出身相似，"声望"级也是在"君权"级基础上发展出来的二级战列舰。作为远洋舰艇设计的"声望"级具有出色的远洋航行能力，其在恶劣海况中的稳定性给人们留下了深刻的印象。"声望"级唯一的"声望"号战列舰非常幸运，先后两次担任其舰长的海军少将约翰·费舍尔对这艘军舰宠爱有加。后来被改造成皇家游艇的"声望"号更是与英国王室联系紧密，其不但多次参加英王的庆典和加冕仪式，而且还搭载王室成员外出巡游，其"战列舰游艇"的绰号也算是实至名归了。

"声望"级战列舰一览表

舰名	译名	建造船厂	开工日期	下水日期	服役日期	命运
HMS Renown	声望	彭布罗克造船厂	1893.2.1	1895.5.8	1897.6.8	1913年1月31日退役，1914年4月2日出售拆解

基本技术性能	
基本尺寸	舰长125.7米，舰宽22米，吃水8.3米
排水量	标准12865吨 / 满载13071吨
最大航速	19节
动力配置	8座燃煤锅炉，2座3汽缸立式三胀式蒸汽机，10000马力
武器配置	4×254毫米火炮，10×152毫米火炮，12×76.2毫米火炮，12×47毫米火炮，5×457毫米鱼雷发射管
人员编制	651-674名官兵

"声望"号（HMS Renown）

"声望"号（又称"声威"号）由彭布罗克造船厂建造，该舰于1893年1月1日动工，1895年5月8日下水，1897年1月完工，其造价为751206英镑（当时币值）。由于经过了漫长的海试，再加上更换螺旋桨，"声望"号直到1897年6月8日才加入皇家海军服役并成为海军中将诺威尔·萨蒙（Nowell Salmon）的坐舰。同年6月26日，"声望"号参加了维多利亚女王登基60周年的大型庆典活动。

"声望"号最早在海峡舰队第1分舰队中服役。1897年7月7日至12日，"声望"号在爱尔兰南部沿海参加了演习。8月24日，"声望"号被调往北美和西印度群岛舰队（North America and West Indies Station），替代防护巡洋舰"科雷森特"号（HMS Crescent）成为舰队旗舰，其一直服役至1899年5月接受改造为止。

1899年7月，就在"声望"号的改造即将结束时，其被调往地中海舰队，并成为海军少将约翰·费舍尔的坐舰。作为"声望"号设计者怀特的支持者，费舍尔经常在军舰上举办大型的外事活动，以提高这艘军舰的知名度。

在费舍尔的要求下，"声望"号在1900年2至5月间在马耳他接受了特别改装，改装包括将舰体装甲带中的76.2毫米炮移到了上层建筑中。直到1902年5月20日，费舍尔担任指挥官这段时间内，"声望"号一直是他的坐舰。当费舍尔卸任后，"声望"号继续在地中海舰队中服役，并参加了1902年在凯法利尼亚岛和摩里亚半岛附近的演习。

◀ 从左后舷观察"声望"号战列舰。

◀ 舰体改为白色涂装的"声望"号战列舰。

结束演习之后,"声望"号因为接到了特殊任务而被从地中海舰队调离,它将搭载康诺特和斯特拉森公爵阿瑟亲王(Prince Arthur, Duke of Connaught and Strathearn)和玛格丽特公主(Princess Margaret of Prussia)前往印度进行皇家巡游。为了执行这一特殊的任务,"声望"号返回朴茨茅斯接受改造,其中就包括拆除甲板上的所有76.2毫米炮留出更大的观光空间。"声望"号很快有了新昵称:"战列舰游艇"(Battleship Yacht)。1902年11月至1903年3月,"声望"号顺利完成了其作为"皇家游艇"的任务。1903年4月,返回欧洲的"声望"号再次被编入地中海舰队,并替代了"庄严"号战列舰成为舰队旗舰。1903年8月5至9日,"声望"号参加了在葡萄牙近海举行的演习。

1904年5月15日,"声望"号成为一艘储备舰,不过一个月后它就参加了新的演习。1905年2月21日,"声望"号在朴茨茅斯接受特别改造,改造之后它成为了专职的皇家游艇。作为皇家游艇时期,"声望"号上的所有次要武器都被拆除,腾出的空间被改造成住舱。10月8日,"声望"号离开朴茨茅斯前往意大利的热那亚。在热那亚,威尔士王子(未来的英王乔治五世)和王妃(玛丽王后)登上"声望"号并前往印度。在整个航行过程中,一级防护巡洋舰"可怖"号(HMS Terrible)作为护航舰艇,一直陪伴左右。当这次巡游结束后,"声望"号离开卡拉奇并于1906年5月7号抵达朴茨茅斯。1907年5月,"声望"号

▼ 一级防护巡洋舰"可怖"号,其曾经陪伴在"声望"号左右。

航行中的"声望"号战列舰,其前主炮上挂满了彩旗,后甲板上搭起了凉棚。

作为"战列舰游艇"归入本土舰队。1907年10至12月,"声望"号搭载西班牙国王阿方索十三世（King Alfonso XIII）和维多利亚·尤金妮娜王后（Queen Victoria Eugenia）来往英国进行国事访问。

1909年4月1日,"声望"号转入本土舰队第4分舰队。5个月之后的9月25日,"声望"号再次进入朴茨茅斯造船厂进行维修,它将作为训练舰使用。在10月,"声望"号一直担任"胜利"号（HMS Victory）的供应舰。在1911年6月,英王乔治五世在皮斯特黑德加冕时期,"声望"号作为住宿船只使用。1911年11月26日,一艘油轮猛烈撞击了"声望"号,但是"声望"号仅仅是轻微受损。

1913年1月31日,皇家海军决定出售"声望"号并对其进行了部分拆解。12月,"声望"号被拖往母亲滩。"声望"号最终于1914年4月2日以39000英镑的价格被出售,后来被拖至布莱恩拆解。

▼ 1907年时的"声望"号战列舰。

"尊严"级（Majestic class）

19世纪末，面临着法国和俄罗斯帝国不断增强的海军力量，英国第一海军大臣约翰·波因茨·斯宾塞伯爵（John Poyntz Spencer）提出了著名的斯宾塞计划，该计划意在通过扩大主力舰规模以应对潜在对手不断壮大的海上力量，"尊严"级便是该计划的直接产物。

"尊严"级依然由威廉·亨利·怀特爵士主持设计，属于采用高干舷舰体设计的战列舰。"尊严"级舰长126米，舰宽23米，吃水8.4米，标准排水量14900吨，满载排水量16000吨。

"尊严"级的武器系统包括：4门305毫米Mk VIII /35型主炮，这种火炮较之前的343毫米主炮更轻，节省出来的重量可以安装更多的152毫米火炮。4门火炮以2门为一组安装在前后两座位于中轴线的装甲炮塔内，其炮塔早期采用了长圆形的梨形炮塔，后期采用了更先进的圆形炮塔；12门Mk Ⅳ型152毫米速射炮，每侧有6门，分上下层配置，其中位于下面的4门火炮在舰体装甲带内，上面的2门火炮安装在舰体中部前后两侧；除了主炮和副炮，"尊严"级上还安装有16门新型的76毫米火炮，这些火炮分别安装在舰艏、舰体中部和舰艉；12门47毫米火炮，其分布在上层建筑和桅盘上，其中仅仅是前后主桅的上下两层桅盘上就安装了8门47毫米火炮；除了火炮之外，"尊严"级还安装了几挺机枪和5具450毫米鱼雷发射管，其中1具位于舷侧水线以上，4具位于水线以下。

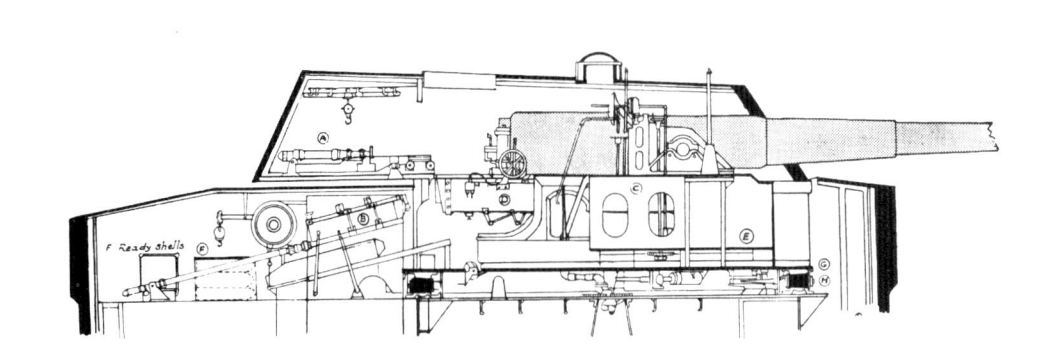

▲ 从"尊严"号舰桥上拍摄的前甲板，可以看到305毫米双联装炮塔和炮塔上面安装的一门76毫米火炮。

▲ "尊严"级战列舰的设计草图，清楚地标明了武器配置和装甲防护水平。

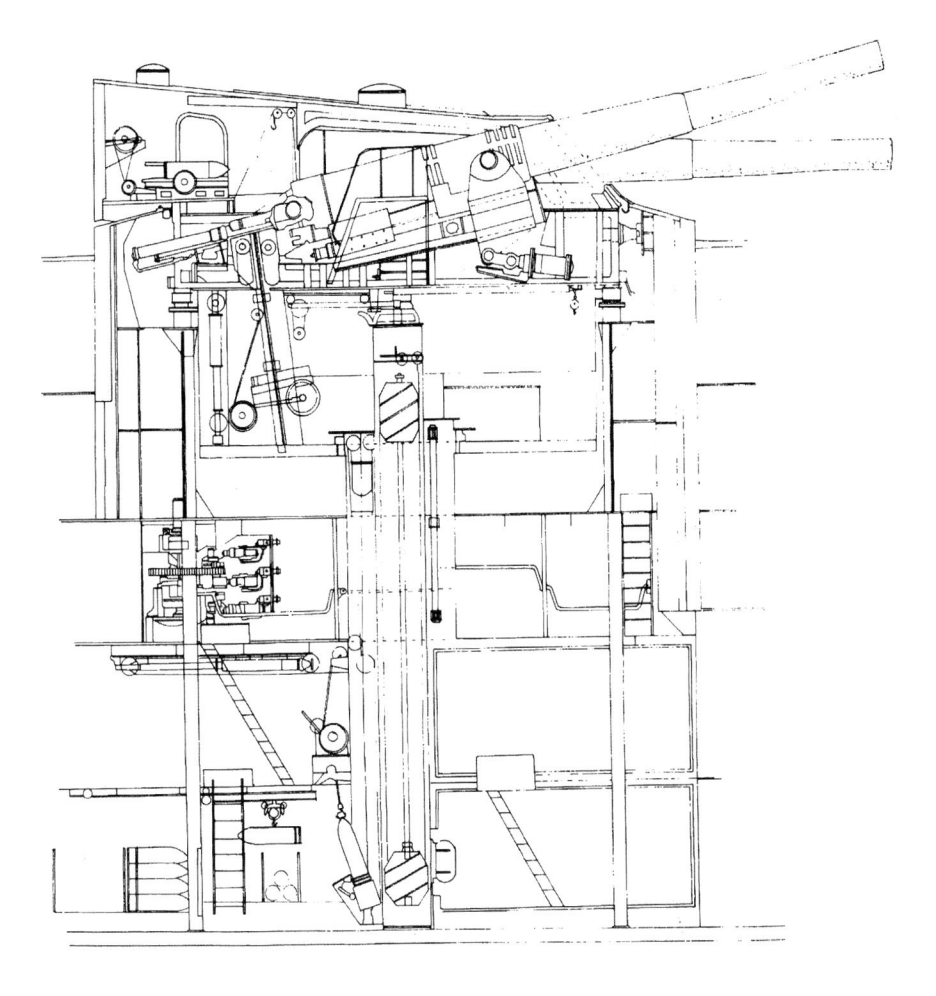

▲ "辉煌"号和"凯撒"号使用的305毫米主炮结构图。

"尊严"级的防御相当强,其安装了当时刚出现不久的哈维钢板。"尊严"级位于舷侧的主装甲带装甲厚达230毫米,主装甲带上面的舷侧部分装甲厚150毫米。"尊严"级的隔舱装甲厚300至360毫米,经过重点强化的指挥塔装甲厚360毫米。"尊严"级的全防护炮塔采用了非常好的防弹外形,炮塔装甲厚250毫米,炮塔基座装甲厚360毫米。除了主炮部分的装甲防护,"尊严"级两侧副炮也有150毫米的装甲炮郭,其甲板厚度在64至102毫米之间。

"尊严"级安装了8座单头圆筒锅炉,2座3汽缸立式三胀式蒸汽机,以两轴推进。"尊严"级共有两根并排排列在一起的烟囱。以蒸汽机提供动力的"尊严"级输出功率为10000马力,强压通风时其最高航速超过18.7节。"尊严"级的续航能力达到4700海里。

1893年12月18日,"尊严"级的首舰"宏伟"号战列舰在查塔姆造船厂开工建造,该级其他8艘分别在朴茨茅斯造船厂、凯莫尔·莱尔德造船厂、彭布罗克造船厂建造。所

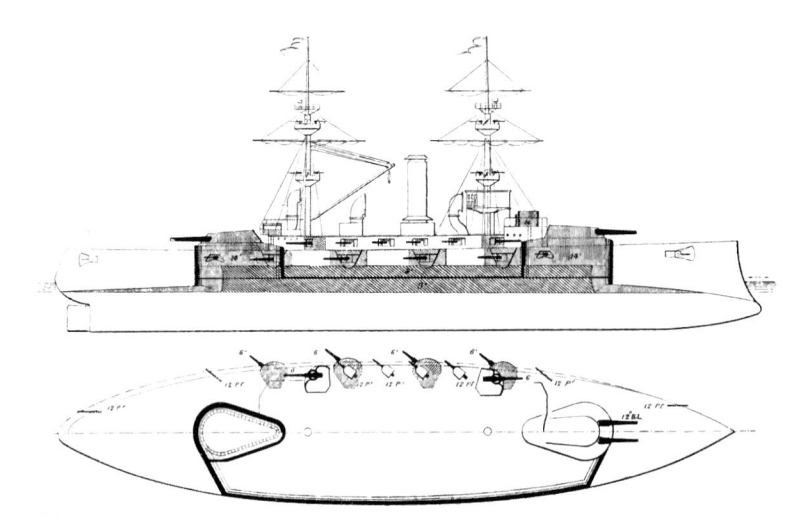

▲ "尊严"级战列舰的设计草图,清楚地标明了武器配置和装甲防护水平。

▲ "玛耳斯"号战列舰上安装的蒸汽发动机。

有的"尊严"级战列舰都在1894至1898年间下水并服役。

"尊严"级在建成之后便接受了众多改造，其中最具革命性意义的还要数"玛耳斯"号在1904年8月至1905年3月进行的改造。改造中，设计人员在其原有的8座燃煤锅炉的2座上加装了重油燃烧装置，并在舰底加载了400吨重油，这使其成为世界上最早采用油煤混烧锅炉的战列舰。继"玛耳斯"号之后，"尊严"级的另外7艘也进行了类似的改装，其中几艘更是在4座锅炉上加装了重油燃烧装置。对于"尊严"级燃料动力系统的改装已经开启了现代战列舰动力系统上的革命。

"尊严"级是继"君权"级之后英国建造的新一级战列舰，它们是当时世界上最大的战列舰，其采用了先进的哈维钢板而且还第一次安装了305毫米主炮。总建造量达到9艘的"尊严"级战列舰不仅是英国皇家海军前无畏舰时代规模建造数量最多的一级战列舰，同时也是整个皇家海军历史上建造数量最多的一级战列舰，它们的服役保持了皇家海军的优势。尽管后来"无畏"号的出现使得"尊严"级在技术上迅速落后，但是这些重甲重炮的老舰并没有马上退役，它们后来参加了第一次世界大战并成为当时皇家海军中最老的战列舰，可谓老当益壮！

◀ "胜利"号战列舰上的救生艇。

"尊严"级战列舰一览表

舰名	译名	建造船厂	开工日期	下水日期	服役日期	命运
HMS Majestic	尊严	朴茨茅斯造船厂	1894.2	1895.1.31	1895.12	1915年5月27日被德国U-21号潜艇击沉
HMS Magnificent	宏伟	查塔姆造船厂	1893.12.18	1894.12.19	1895.12.12	1921年4月退役,1921年5月9日出售拆解
HMS Jupiter	朱庇特	查塔姆造船厂	1894.4.26	1895.11.18	1897.6.8	1918年2月退役,1920年1月15日出售拆解
HMS Victorious	胜利	朴茨茅斯造船厂	1894.5.28	1895.10.19	1896.11.4	1920年5月28日退役,1923年4月9日出售拆解
HMS Mars	玛耳斯	凯莫尔·莱尔德造船厂	1894.6.2	1896.3.30	1897.6.8	1916年改为仓库船,1921年5月9日出售拆解
HMS Prince George	乔治亲王	朴茨茅斯造船厂	1894.9.10.	1895.8.22	1896.11.26	1920年2月21日退役,1921年9月22日出售拆解
HMS Illustrious	辉煌	查塔姆造船厂	1895.3.11	1896.9.17	1898.4.15	1916年退役,1920年6月18日出售拆解
HMS Caesar	凯撒	朴茨茅斯造船厂	1895.3.25	1896.9.2	1898.1.13	1918年9月退役,1921年11月8日出售拆解
HMS Hannibal	汉尼拔	彭布罗克造船厂	1895.5.1	1896.4.28	1898.4	1915年成为补给船,1920年1月28日出售拆解

基本技术性能	
基本尺寸	舰长126米,舰宽23米,吃水8.4米
排水量	标准14900吨/满载16000吨
最大航速	17.6节
动力配置	8座燃煤锅炉,2座3汽缸立式三胀式蒸汽机,10000马力
武器配置	4×305毫米火炮,12×152毫米火炮,16×76毫米火炮,12×47毫米火炮,5×450毫米鱼雷发射管
人员编制	670名官兵

"尊严"号(HMS Majestic)

"尊严"号由朴茨茅斯造船厂建造,该舰于1894年2月动工,1895年1月31日下水。1895年12月12日,完成海试的"尊严"号加入了海峡舰队。1897年6月26日,"尊严"号参加了维多利亚女王登基60周年的大型庆典活动。1902年8月16日,"尊严"号参加了英王爱德华七世的海上大阅兵。

1901年4月,海军上校布拉德福德(E. E.

Bradford）成为"尊严"号的舰长，其成为海军少将亚瑟·威尔逊（Arthur Wilson）的旗舰。1904年2至7月，"尊严"号在朴茨茅斯接受改造。1905年1月，在海峡舰队被重组为大西洋舰队的过程中，"尊严"号成为大西洋舰队的一员。到了1906年10月1日，"尊严"号成为储备舰留在了朴茨茅斯。

1907年2月26日，"尊严"号重新服役并成为本土舰队诺尔分舰队的旗舰，其基地便位于泰晤士河口的诺尔，这是皇家海军重要的海军基地。这段时间，"尊严"号接受升级，安装了新的通讯和火力控制装置。1908年1月，"尊严"号将旗舰旗交给另一艘军舰，其成为了诺尔分舰队的私有船只。1908年6月，"尊严"号从诺尔分舰队转入德文波特分舰队。1909年整年，"尊严"号再次接受维修并于1910年3月转入第3分舰队，然后于8月转入第4分舰队，直到1911年再次接受维修。1912年5月，"尊严"号成为第3舰队第7战列舰分舰队的一员。1912年7月14日，在一次演习中，"尊严"号与姐妹舰"胜利"号相撞，不过其损坏程度并不十分严重。

在第一次世界大战爆发之后的1914年8月，"尊严"号属于海峡舰队的第7战列舰分舰队。8至9月间，"尊严"号接受维修并在9月参加了为开赴法国的英国远征军进行护航的行动。1914年10月3至14日，"尊严"号返回第7战列舰分舰队并护送加拿大部队。10月下旬，"尊严"号前往诺尔附近海域担任警戒舰，11月3日前往亨伯担任警戒舰。12月，"尊严"号进入多佛尔海峡并成为多佛尔巡逻舰队的一员。1914年12月15日，"尊严"号与"君权"级的"可畏"号一起对比利时尼乌波尔特的德军海岸炮兵阵地进行了报复性炮击。1915年1月，"尊严"号回到波特兰停泊。

▲ "尊严"号战列舰后面，后主桅上挂着皇家海军的军旗。

▲ "尊严"号的舰艉，可以看到高大桅杆桅盘上安装的47毫米速射炮。

▲ 舰体和上层建筑采用不同涂装的"尊严"号，停泊在海面上的战舰舰体显得很高大。

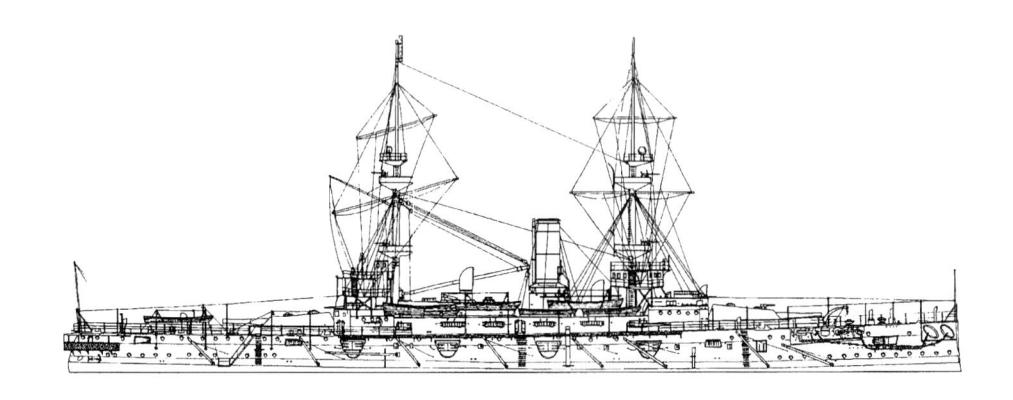

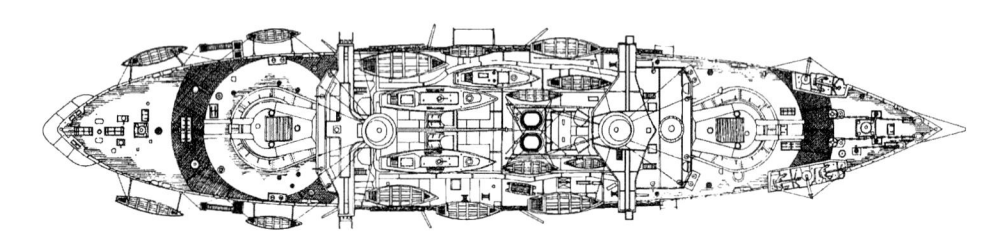

▲ "尊严"号的两视线图,可以看到其位于舰艏和舰艉的梨形炮塔。

1915年2月,为了打通扼守欧亚大陆咽喉的土耳其海峡,英国发动了达达尼尔海峡战役(Dardanelles Campaign,又称加里波利之战)。2月初,"尊严"号因为达达尼尔海峡战役的作战需要加入地中海舰队。2月24日,"尊严"号加入了英国皇家海军位于达达尼尔海峡前线的舰队并于26日早晨对土耳其中心防线进行炮击。

1915年2月26日早晨,"尊严"号与战列舰"阿尔比恩"号和"凯旋"号一起成为第一批进入土耳其海峡的协约国大型舰艇。从9时14分至17时40分,3艘战列舰对土耳其的中心防线进行了持续不断的炮击,期间"尊严"号遭到土军的炮火反击,水线以下装甲被击中,不过损伤并不严重。在之后的3月1日和3月3日,"尊严"号又先后两次参加了对土军阵地的炮击。1915年3月9日,"尊严"号来到达达尼尔海峡入口处,其于10时7分至12时15分对土军阵地进行炮击,之后便长期进行巡逻。

1915年3月18日,皇家海军为摧毁土军防御工事而进行努力,"尊严"号与其他舰只于14时20分开火,炮击直到当晚18时35分结束。由于土耳其军队将炮兵部队隐蔽在森林中,其不但损失轻微,而且还进行了有效的还击。在战斗中,"尊严"号先后4次被击中,其中2枚炮弹击中上层建筑,2枚炮弹击中舰舯,一共造成1人死亡,多人受伤。在之后的4月,"尊严"号继续执行炮击任务。4月18日,"尊严"号奉命向己方已经搁浅的E15号潜艇开火并将其击沉,这成为其在战争中的第一个战果,只不过被它击沉的是自己人。

1915年4月25日,为了配合陆军的登陆行动,"尊严"号前往加利波利进行火力支援,当天夜里其还转运了99名受伤的士兵。第二天早晨6时17分,"尊严"号便恢复了对土军的炮击。27日,土军火炮与"尊严"号展开炮

▲ 航行中的"尊严"号,其主桅上的旗帜迎风飘扬。

▲ 停泊中的"尊严"号,高干舷前面飘扬着一面英国国旗。

▲ 停泊中的"尊严"号,舰体两侧和后部挂满了救生艇,左侧一艘搭载人员的救生艇正在靠近战舰。

战，有几枚炮弹差点击中"尊严"号，好在有惊无险。29日，"凯旋"号战列舰接替了弹药即将耗尽的"尊严"号，其返航并进行休整后于5月25日进入海丽丝岬。

1915年5月27日清晨6时45分，德国潜艇U-21号在艇长奥托·赫辛（Otto Hersing）的指挥下突破了由英国驱逐舰组成的警戒线，然后向"尊严"号发射了一枚鱼雷。鱼雷命中了"尊严"号的左舷并引发了大爆炸，在短短9分钟之内，"尊严"号便向左倾覆，整个过程有49人遇难。倾覆的"尊严"号船底一直露在海面上，直到几周后才消失在一场暴风雨中。

▲ 遭到德国潜艇鱼雷攻击后倾覆中的"尊严"号，旁边几艘船只正在搭救船员。

"宏伟"号（HMS Magnificent）

"宏伟"号由查塔姆造船厂建造，该舰于1893年12月18日动工，1894年12月19日下水。1895年12月12日，完成海试的"宏伟"号加入了海峡舰队，接替"君权"级的"印度皇后"号成为第二旗舰。1897年6月26日，"宏伟"号参加了维多利亚女王登基60周年的大型庆典活动。1904年1月，"宏伟"号成为海峡舰队的旗舰。1904年1月21日，当接到维多利亚女王的死讯后，停泊在朴茨茅斯的"宏伟"号按照传统下半旗默哀。

当1905年初，海峡舰队经过重组成为大西洋舰队后，"宏伟"号便成了该舰队的一员。1905年6月14日，"宏伟"号上的一门152毫米炮在演练中装入了一枚有问题的炮弹，其在击发后没有任何反应，当炮组成员打开炮膛时这枚炮弹却突然爆炸，事故造成了18人死亡。1906年11月15日，"宏伟"号结束了其在大西洋舰队的服役并停泊在德文波特。在预备役期间，"宏伟"号于1906年12月前往位于希尔内斯的炮术学校担任射击训练舰。

1907年3月，"宏伟"号被调往位于诺尔的本土舰队诺尔分舰队，在此期间，"宏伟"号暂时成为该舰队的旗舰。1908年，"宏伟"号进入查塔姆造船厂接受改造，包括安装新的火控系统和具有革命性意义的重油燃烧装置。1908年8月至1909年1月间，"宏伟"号成为本土舰队的第二旗舰。1909年2月，"宏伟"号仅仅保留了基本船员，然后成为一艘储备舰。

▲ 停泊在平静海面上的"宏伟"号，注意一艘救生艇正在从舰舷位置放下。

1909年3月24日，"宏伟"号成为本土舰队第3和第4分舰队的旗舰。1910年3月1日，战列舰"堡垒"号取代了它的旗舰位置。1910年9月27日，"宏伟"号进入德文波特，成为本土舰队的一艘司炉训练舰。在12月的一次事故中，"宏伟"号受损，之后其仍然被作为训练舰使用。1913年6月16日，"宏伟"号进入考桑德湾后因为大雾而搁浅受损，修复后转入第3分舰队服役。

第一次世界大战爆发前，"宏伟"号与姐妹舰"玛耳斯"号、"汉尼拔"号和"胜利"号一起进入第9战列舰分舰队，驻扎在汉伯河口。战争爆发后的1914年8月7日，第9战列舰分舰队被解散，"宏伟"号和"汉尼拔"号被调往大舰队锚地斯卡帕湾以加强这里的防御，因此其成为了斯卡帕湾的一艘驻防舰。

由于装备陈旧，"宏伟"号于1915年2月退役并前往贝尔法斯特拆除武器。3至4月间，除了4门152毫米火炮，"宏伟"号上的所有火炮都被拆除，其中的双联装305毫米主炮连同炮塔被安装在了重炮舰"克莱夫勋爵"级（Lord Clive-class）的"尤金亲王"号（HMS Prince Eugene）上。拆除武器的"宏伟"号停泊在位于苏格兰的洛克戈伊。

1915年9月9日，"宏伟"号与同样被拆除武器的姐妹舰"玛耳斯"号和"汉尼拔"号一起进入地中海，并在达达尼尔海峡战役中作为运兵船使用。9月22日，3艘"尊严"级战列舰离开英国，它们于10月7日到达地中海中的德洛斯。1915年12月18至19日，"宏伟"号参加了协约国军队在苏弗拉湾的撤退行动。1916年2月，完成任务的"宏伟"号离开达达尼尔海峡返回英国，其于3月3日抵达德文波特。

1917年8月，一直停泊在德文波特的"宏伟"号被改造成为一艘弹药补给舰，整个改造工程于次年10月完成，之后它便在罗塞斯执行任务。第一次世界大战结束后，"宏伟"号于1920年2月4日出现在处理名单中，但是其作为一艘弹药补给船却一直服役到1921年4月。"宏伟"号最终在1921年5月9日被出售，并于第二年在因弗基辛被拆解。

▲ 1899年的"宏伟"号战列舰，其指挥塔及两侧涂成了显眼的白色。

▲ "宏伟"号的舰艉阳台，可以看到其舰名。

080 / 英国战列舰全史

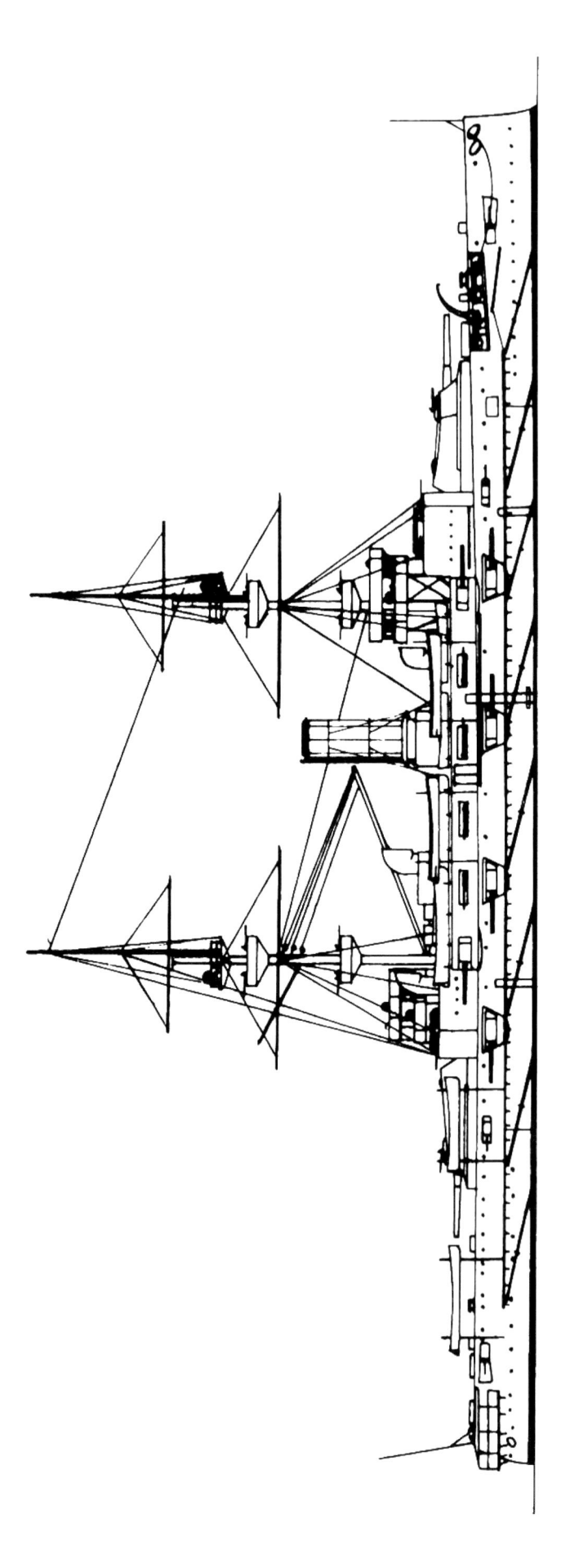

"宏伟"号侧视线图，图中标明了舷侧已经收起的防鱼雷网支架。

"朱庇特"号（HMS Jupiter）

"朱庇特"号由查塔姆造船厂建造，该舰于1894年4月26日动工，1895年11月18日下水。1897年6月8日，完成海试的"朱庇特"号加入了海峡舰队。"朱庇特"号先后参加了1897年6月26日举行的维多利亚女王登基60周年大型庆典活动和1902年8月16日举行的英王爱德华七世的海上大阅兵。

1901年，"朱庇特"号访问了北爱尔兰港口城市科克，此时其舰长是海军上校阿奇博尔德·伯克利·米尔恩（Archibald Berkeley Milne）。随着海峡舰队在1905年1月更名为大西洋舰队，"朱庇特"号也转而成为大西洋舰队的一员。1905年2月27日，"朱庇特"号进入查塔姆造船厂接受改装，改装完成后其进入朴茨茅斯作为储备舰。

1905年9月20日，"朱庇特"号开始在新成立的海峡舰队中服役，这项任务直到1908年2月结束。1908年2月4日，仅保留了基本船员的"朱庇特"号进入本土舰队的朴茨茅斯

▲ 1897年停泊在海面上的"朱庇特"号战列舰，可以看到其横向排列的两根烟囱。

分舰队。1909年2至6月，其成为分舰队旗舰，后来又成为第3分舰队第二旗舰。1909至1910年，"朱庇特"号在朴茨茅斯接受改造。1911至1912年，其主炮塔的射击控制装置又接受了改进。1912年6月至1913年1月，"朱庇特"号做为海上射击训练舰驻扎在附近。1913年之后，"朱庇特"号转入第3舰队服役，驻地在彭布罗克造船厂和德文波特港。

◀ 停泊中的"朱庇特"号，可以看到舷侧主装甲带上的4个炮郭。

▲ 1915年停泊在马耳他的"朱庇特"号战列舰,其正在为参加达达尼尔海峡战役做准备。

第一次世界大战爆发后,"朱庇特"号进入海峡舰队的第7战列舰分舰队,期间它的主要任务是护送在英吉利海峡上运载英国远征军的运兵船。1914年10月,"朱庇特"号和姐妹舰"尊严"号前往诺尔作为警戒舰。11月3日,两艘军舰离开诺尔前往汉伯河口接替同级战列舰"汉尼拔"号和"宏伟"号执行警戒守卫任务。12月,"朱庇特"号又前往泰晤士河口执行守卫任务。

1915年2月5日,"朱庇特"号终于结束了在各港口的警戒守卫任务,作为破冰船前往俄罗斯西北部的哈尔汉格尔斯克。经过特别改装的"朱庇特"号在北冰洋上定期进行破冰作业,这艘老式战列舰创造了一项壮举,它成为第一艘在冬天穿过海上浮冰到达哈尔汉格尔斯克的船只。

1915年5月,"朱庇特"号离开哈尔汉格尔斯克返回海峡舰队,并于5月19日在博肯黑德转入储备舰。5至8月,"朱庇特"号接受了维修,之后它便前往地中海并在苏伊士运河附近进行巡逻。1915年10月21日,"朱庇特"号通过苏伊士运河进入红海开始了在亚丁湾的警戒任务,它因此也成为当地英国舰队的旗舰。12月9日,为了给皇家加拿大海军运兵船"诺斯布鲁克"号(PIM Northbrook)提供护航,"朱庇特"号返回苏伊士运河。直到1916年11月,"朱庇特"号一直在苏伊士运河,基地位于埃及的赛德港。

1916年11月,"朱庇特"号离开埃及返回英国,其在德文波特转入预备役并为反潜舰艇训练船员。在战争的最后岁月中,"朱庇特"号一直呆在德文波特并在1918年2月退役并作为辅助巡逻舰使用,后来"朱庇特"号转为储备舰并成为一艘宿舍船。1919年4月,"朱庇特"号作为"尊严"级中第一艘出现在处理名单上的成员,其于1920年1月15日售出,被拖至布莱斯并于同年3月11日拆解。

"胜利"号(HMS Victorious)

"胜利"号由朴茨茅斯造船厂建造,该舰于1894年5月28日动工,1895年10月19日下水。1896年11月4日,完成海试的"胜利"号进入皇家海军储备舰队服役。1897年6月8日,"胜利"号进入地中海舰队服役。在离开英国之前,"胜利"号参加了1897年6月26日举行的维多利亚女王登基60周年大型庆典活动。

进入地中海舰队后,"胜利"号取代了"安森"号的位置。1898年2月,"胜利"号离开地中海舰队前往中国并加入中国舰队。2月16日,"胜利"号在新加坡附近搁浅,几艘拖船都无法拖动这艘庞然大物,最后一艘挖泥船清理了其船底周围的淤泥才使其重获自

▲ 曾经担任"胜利"号舰长的罗伯特·富尔肯·斯科特(Robert Falcon Scott),他因为在南极的探险而闻名于世。

1898年,桅杆上挂满彩旗的"胜利"号战列舰。

由。为了摆脱这片浅滩,"胜利"号整整花了两天的时间。

1900年,"胜利"号返回地中海并再次加入地中海舰队,其首先在马耳他接受了整修。1903年,结束了在地中海服役的"胜利"号返回查塔姆造船厂并接受了维修,维修一直持续到1904年2月。维修完成的"胜利"号重新加入海峡舰队并成为第二旗舰。7月14日,鱼雷艇TB 113在哈莫兹撞击了"胜利"号,不过装甲厚实的"胜利"号只受了点皮外伤。

1905年,海峡舰队被重组为大西洋舰队,"胜利"号于是被划入大西洋舰队。1906年,著名的南极探险家罗伯特·富尔肯·斯科特成为"胜利"号的新舰长。1906年12月31日,"胜利"号结束了在大西洋舰队的服役。1907年1月1日,"胜利"号加入本土舰队,成为诺尔分舰队的一员。1908年,"胜利"号进入查塔姆造船厂接受改造,包括新的火控系统、无线电设置和重油燃烧装置。之后,"胜利"号仅保留了基本船员并被储备起来。1911年1月,"胜利"号进入本土舰队的德文波特分舰队服役,1912年5月又转入第3舰队。1912年7月14日,"胜利"号在与姐妹舰"尊严"号的相撞事故中受到轻微损伤,其于1913年12月进入查塔姆造船厂接受短期维修。

▲ 从舰艏看,"胜利"号有些憨壮,可以看到舰艏上镶嵌的舰名。

▲ "克莱夫勋爵"级重炮舰"沃尔夫将军"号(HMS General Wolfe),其前主炮便来自于"胜利"号战列舰。

1914年7月，面临即将爆发的战争，皇家海军开始了积极动员。作为动员的一部分，"胜利"号与同级的"宏伟"号、"玛耳斯"号和"汉尼拔"号一起进入第9战列舰分舰队，驻扎在汉伯河口，任务是保卫英国东部的海岸线。当战争爆发时，第9战列舰分舰队被解散，"胜利"号仍然呆在汉伯河口执行守卫任务。12月，"胜利"号被调往泰恩河执行守卫任务。

1915年1月4日，"胜利"号在艾尔西克转入储备。由于"胜利"号过于陈旧，其在锚地一直呆到当年9月。之后，海军方面拆除了军舰上的305毫米主炮，然后将其安装在重炮舰"克莱夫勋爵"级的"沃尔夫将军"号上。1915年9月至1916年2月，"胜利"号在经过改装之后成为一艘修理船。

1916年2月22日，"胜利"号前往斯卡帕湾替代商船"加勒比"号作为大舰队的修理舰。1920年，"胜利"号准备更名为"印度II"号（HMS Indus II）并前往印度服役。"胜利"号于1920年3月29日进入德文波特港，在这里它为重新服役接受维修和改装。由于计划改变，对"胜利"号的改造计划取消，其于1922年4月出现在处理名单上。1923年4月9日，"胜利"号（此时已经改名为"印度II"号）被出售并拖往多佛尔进行拆解。

"玛耳斯"号（HMS Mars）

"玛耳斯"号由凯莫尔·莱尔德造船厂建造，该舰于1894年6月2日动工，1896年3月30日下水。1897年6月8日，完成海试的"玛耳斯"号进入皇家海军海峡舰队服役。1897年6月26日，"玛耳斯"号参加了维多利亚女王登基60周年大型庆典活动。

1902年4月的一次射击训练中，"玛耳斯"号前部的一门305毫米主炮在装填之后，炮尾还没有关闭炮弹就发射了，爆炸导致2名军官和9名水兵死亡，还有7人受伤。事故中，前主炮炮塔也受到一定程度的损坏。经过维修后，"玛耳斯"号于1902年8月16日参加了英王爱德华七世的海上大阅兵。

1904年8月16日，"玛耳斯"号进入朴茨茅斯造船厂进行维修。在维修期间，海峡舰队成为大西洋舰队，"玛耳斯"也因此成为大西洋舰队的一员。当维修于1905年3月结束之后，"玛耳斯"号在大西洋舰队一直服役到1906年3月31日，然后在朴茨茅斯转为储备舰。

1906年10月31日，"玛耳斯"号在朴茨茅斯加入了新组建的海峡舰队，服役一直到1907年3月4日结束。1907年3月5日，"玛耳斯"号加入了新组建的本土舰队德文波特分舰队。在1908至1909年和1911至1912年，"玛耳斯"又先后接受了两次维修。在1914年7月，其在本土舰队的第4分舰队中服役。

第一次世界大战爆发前，"玛耳斯"号与同级的"宏伟"号、"胜利"号和"汉尼拔"号一起进入第9战列舰分舰队服役，它们驻扎在汉伯河口，任务是保卫英国东部的海岸线。当战争爆发时，第9战列舰分舰队被解散。1914年12月9日，"玛耳斯"号加入多佛尔海峡巡逻，直到1915年2月其基地一直都是波特兰。

1915年2月15日，"玛耳斯"号转入储备舰。3至4月，"玛耳斯"号拆除了除4门152毫米炮之外的所有武器，它的305毫米主炮和炮塔被安装在重炮舰"克莱夫勋爵"级的

086 / 英国战列舰全史

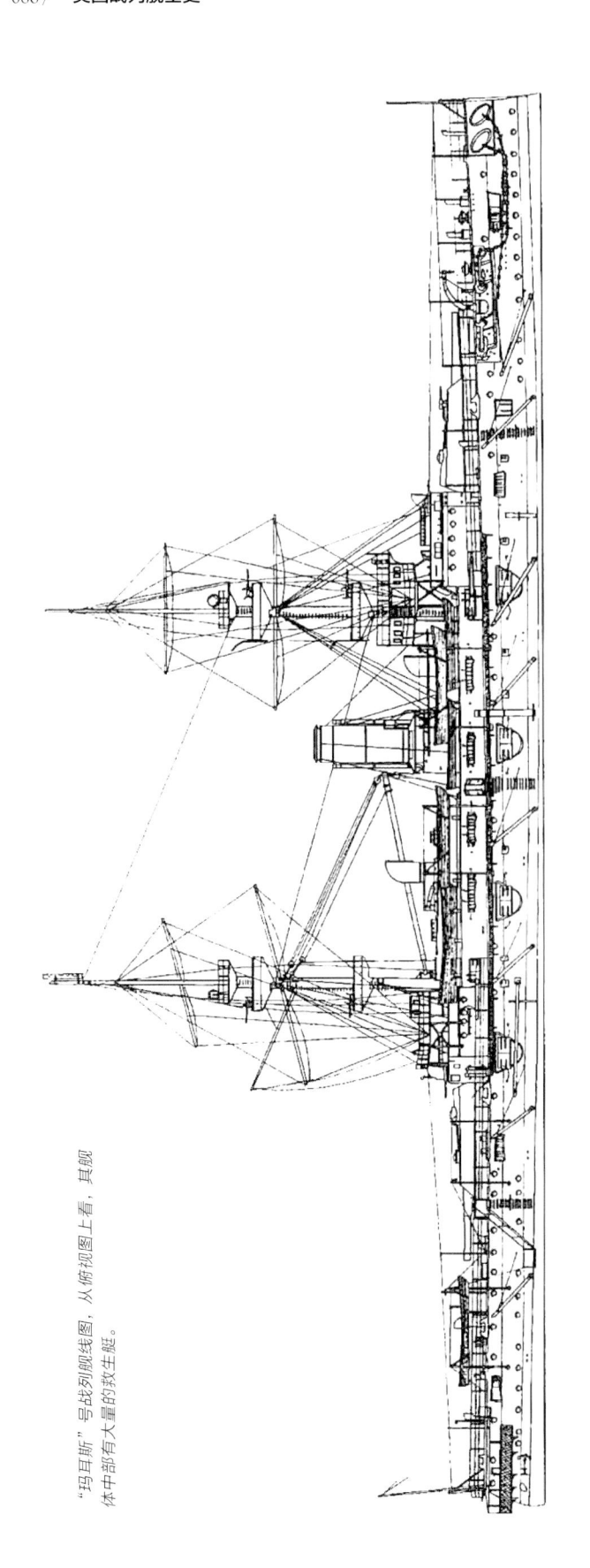

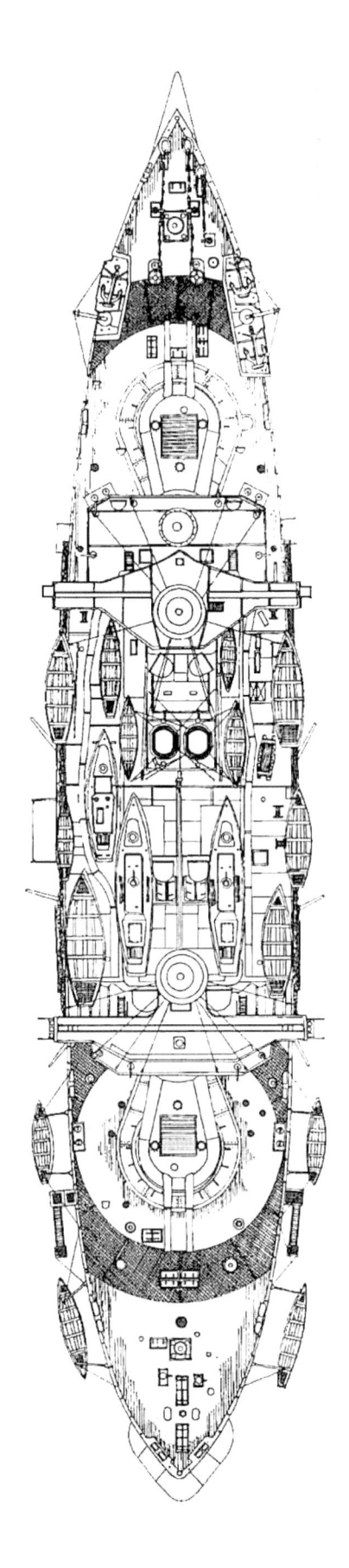

"玛目斯"号战列舰线图,从俯视图上看,其舰体中部有大量的救生艇。

第二章 前无畏舰时代（上） /087

◀ 停泊中的"玛耳斯"号，一艘交通艇正在离开军舰，而不远处有一艘装甲巡洋舰。

◀ 吃水较浅的"玛耳斯"号，水线以下已经露出了海面。

◀ 前进中的"玛耳斯"号，其烟囱中喷出了黑色的浓烟。

"托马斯·皮克顿爵士"号（HMS Sir Thomas Picton）上。拆除武器的"玛耳斯"号停泊在位于苏格兰的洛克戈伊。

1915年9月9日，"玛耳斯"号与同样被拆除武器的姐妹舰"宏伟"号和"汉尼拔"号一起进入地中海，并在达达尼尔海峡战役中作为运兵船使用。12月8日至9日，"玛耳斯"号到达今天的澳新军团湾，将登陆部队直接送上了岸。1916年1月8至9日，"玛耳斯"号参加了协约国军队在海勒斯角的撤退行动。在行动期间，"玛耳斯"号得到了"托马斯·皮克顿爵士"号的火力掩护，而"托马斯·皮克顿爵士"号使用的305毫米主炮正是之前从"玛耳斯"号上拆下来的。

1916年2月，完成任务的"玛耳斯"号返回英国的德文波特，然后在查塔姆转入储备

▲ 使用"玛耳斯"号305毫米主炮的重炮舰"托马斯·皮克顿爵士"号。

舰，它后来接受了改造成为一艘仓库船并在1916年9月1日重新服役。"玛耳斯"号在因弗戈登一直待到1920年7月1日，7月7日，它的名字出现在处理名单上。1921年5月9日，"玛耳斯"号被售出并被拖至位于威尔士的不列颠-佛瑞接受拆解。

"乔治亲王"号（HMS Prince George）

"乔治亲王"号由朴茨茅斯造船厂建造，该舰于1894年9月10日动工，1895年8月22日下水。1896年11月26日，完成海试的"乔治亲王"号进入皇家海军海峡舰队服役。"乔治亲王"号先后参加了1897年6月26日举行的维多利亚女王登基60周年大型庆典活动和1902年8月16日举行的英王爱德华七世的海上大阅兵。

1903年10月17日，在距离西班牙较远的海域，恶劣的海况条件使得姐妹舰"汉尼拔"号撞击了"乔治亲王"号的舰艉并在其水线以下留下了一个大洞。"乔治亲王"号舰体大量进水，几乎沉没，该舰最终挣扎着到达费罗尔并进行了简单维修，之后返回朴茨茅斯进行更全面的维修。

1904年7月，"乔治亲王"号结束了在

▲ 1897年的"乔治亲王"号战列舰，此时这艘军舰正在海峡舰队中服役。

海峡舰队的服役，然后进入朴茨茅斯接受维修，维修完成后其一直停泊在朴茨茅斯直到1905年1月。1905年2月14日，"乔治亲王"号进入大西洋舰队，其在3月3日与德国海军

的装甲巡洋舰"弗里德里希·卡尔"号（SMS Friedrich Carl）相撞，位置在直布罗陀附近。

1905年7月17日，"乔治亲王"号进入新成立的海峡舰队服役。1907年1月，"乔治亲王"号进入本土舰队的朴茨茅斯分舰队服役，并成为舰队旗舰。到12月5日，在朴茨茅斯的"乔治亲王"号与装甲巡洋舰"香农"号（HMS Shannon）相撞，其甲板和救生艇吊架损伤。1909年2月，"乔治亲王"号不再担任旗舰，从3月至12月，它在朴茨茅斯接受了维修改造，其中便包括安装了无线电接收器。1910年12月起，"乔治亲王"号保留了基本船员后成为一艘储备舰。1912年6月，"乔治亲王"号加入第3舰队，后来成为第7战列舰分舰队的一员。

第一次世界大战爆发后，"乔治亲王"号立即恢复了满员编制，而且成为第7战列舰分舰队的旗舰，直到后来被"报复"号战列舰取代。1914年8月25日，"乔治亲王"号护送朴茨茅斯海事局人员前往比利时的奥斯坦德。9月，该舰又护送英国远征军前往法国前线参战。

▲ 与"乔治亲王"号相撞的装甲巡洋舰"香农"号。

▲ 1895年建成不久的"乔治亲王"号战列舰，注意其舰舷安装了许多支架结构。

▼ 1895年建成不久的"乔治亲王"号战列舰，烟囱中冒出青烟的战舰正在低速前进。

1915年2月，"乔治亲王"号被调往地中海参加达达尼尔海峡战役。3月1日，"乔治亲王"号抵达希腊的提涅多斯。3月5至18日，"乔治亲王"号进入土耳其海峡对土军阵地进行炮击。在5月3日，"乔治亲王"号被土军发射的一枚152毫米炮弹击中水线以下，它不得不返回马耳他进行维修。7月12至13日，完成维修的"乔治亲王"号在克里希亚和阿奇巴巴支援法国部队作战。12月18至19日，其掩护了协约国部队在苏弗拉湾的撤退行动。1916年1月9日，在海丽丝岬附近，"乔治亲王"号被一枚鱼雷击中，幸运的是这枚鱼雷并没有爆炸。1月至2月，"乔治亲王"号一直停泊在希腊北部港口萨洛尼卡。

1916年2月之后，"乔治亲王"号结束了地中海的任务，返回查塔姆造船厂后成为一艘储备舰，之后主要用于训练反潜人员和作为医疗辅助舰、住宿船使用。1918年3月，"乔治亲王"号在查塔姆造船厂接受维修和改造，其被改造成一艘驱逐舰母舰。9月，"乔治亲王"号改名为"胜利II"号（SMH Victorious II），其改装一直持续到10月结束。结束改造的"乔治亲王"号与被改装成修理舰的"胜利"号一同前往英国大舰队基地斯卡帕湾，在那里它将为驱逐舰提供补给和维修。1919年3月，"乔治亲王"号的名字又被改了回来，同时被调往梅德韦。

1920年2月21日，"乔治亲王"号正式退役并出现在处理名单上。1921年9月22日，一家英国公司购买了已经报废的"乔治亲王"号，12月它又被卖给了一家德国公司并在德国被拆解。

"辉煌"号（HMS Illustrious）

"辉煌"号由查塔姆造船厂建造，该舰于1895年3月11日动工，1896年9月17日下水。1898年4月15日，完成海试的"辉煌"号进入皇家海军储备舰队服役。1898年5月10日加入地中海舰队服役。在希土战争期间，"辉煌"号曾经参加了对克里特岛的封锁行动，直到1901年其才回到马耳他进行维修。1902年，"辉煌"号的舰长是弗兰西斯·约翰·福利（Francis John Foley），1903年7月7日，厄内斯特·阿尔佛雷德·西蒙斯（Ernest Alfred Simons）成为该舰的新任舰长。

1904年7月，"辉煌"号离开地中海加入了海峡舰队，后来随着海峡舰队被重组为大西洋舰队，其也跟着成为大西洋舰队的一员。1905年9月，"辉煌"号结束了在大西洋舰队的服役并进入查塔姆造船厂进行维修。1906

▲ "辉煌"号战列舰305毫米主炮炮塔内的右侧主炮，一旁是两名炮手。

年4月3日，结束维修的"辉煌"号进入新组建的海峡舰队并且担任旗舰。6月13日，由于大雾，"辉煌"号在英吉利海峡与纵帆船"克里斯塔"号相撞。1908年6月1日，"辉煌"号被调离海峡舰队，其在查塔姆成为一艘储备舰。

1908年6月2日，"辉煌"号进入新成立的本土舰队朴茨茅斯分舰队服役。1909年3月22日，在朴茨茅斯湾，"辉煌"号与三等防护巡洋舰"紫水晶"号（HMS Amethyst）相撞，不过只是轻微受损。8月21日，"辉煌"号再次遭遇不幸，其在巴巴科姆湾因为搁浅撞伤了舰底。1912年，经过维修的"辉煌"号先后在第3舰队和第7战列舰分舰队服役。

第一次世界大战爆发前，为了预防战争，皇家海军打算将"辉煌"号上的船员调往新建造的无畏舰"爱尔林"号（HMS Erin）上。不过作为大舰队的护航舰，"辉煌"号必须保持满编状态。一战爆发后直到1915年底，"辉煌"号一直在各地执行警戒任务。

1915年11月，"辉煌"号在格里姆斯比转为储备舰，其武器被拆卸，其中的2门305毫米主炮被安装在泰恩炮台上。解除武装的"辉煌"号一直留在格里姆斯比。1916年11月20日，"辉煌"号在查塔姆造船厂被改装成一艘弹药运输船后开始执行特种运输任务。

1919年4月21日，"辉煌"号被封存，1920年3月24日其出现在处理名单中。该舰在6月18日被出售，后来在巴罗被拆解。

"凯撒"号（HMS Caesar）

"凯撒"号由朴茨茅斯造船厂建造，该舰于1895年3月25日动工，1896年9月2日下水。1898年1月13日，完成海试的"凯撒"号进入皇家海军地中海舰队服役。在前往地中海之前，"凯撒"暂时被归入海峡舰队并在本土水域执行任务。1898年5月，"凯撒"号进入地中海，1900至1901年，其在马耳他进行维修。1901年12月21日，"凯撒"号迎来了新舰长乔治·卡拉汉（George Callaghan）。

1903年10月，"凯撒"号结束了在地中

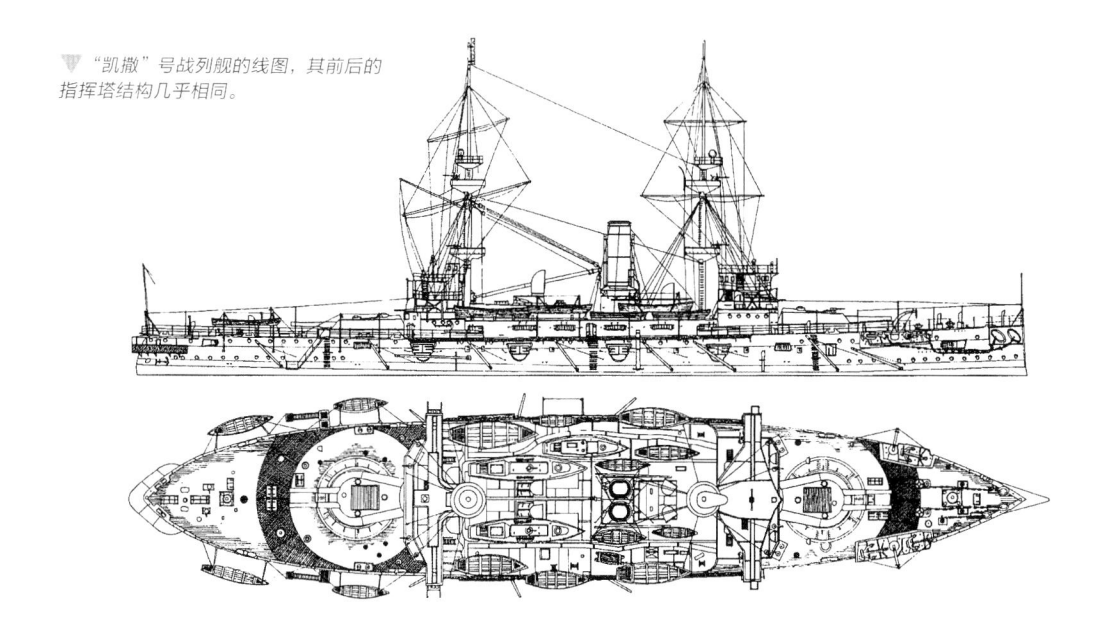

▼ "凯撒"号战列舰的线图，其前后的指挥塔结构几乎相同。

海的服役回到朴茨茅斯接受维修。维修完成后，"凯撒"号进入海峡舰队服役，并取代了姐妹舰"尊严"号成为舰队旗舰。1905年初，海峡舰队被重组为大西洋舰队后，"凯撒"号变成了大西洋舰队的旗舰。1905年，"凯撒"号进入新成立的海峡舰队服役，并且成为第二旗舰。

1905年6月3日，"凯撒"号在邓杰内斯角与四桅帆船"阿富汗"（HMS Afghanistan）号相撞。"阿富汗"号被撞沉，"凯撒"号损坏严重，其左舷的救生艇、救生艇吊架、防鱼雷网等设备被撞毁，战舰不得不进入德文波特港进行维修。

1905年12月，"凯撒"号成为本土舰队的旗舰。1907年2月，"凯撒"号被调入大西洋舰队并担任临时旗舰。5月27日，"凯撒"号进入新成立的本土舰队德文波特分舰队服役。1907至1908年，其在德文波特接受了维修。1909年5月，"凯撒"号前往诺尔并成为第3和第4分舰队的旗舰。1911年4月，它又回到德文波特并在本土舰队第3分舰队中服役。在回到德文波特之前的1911年1月16日，"凯撒"号在大雾中与三桅帆船"艾克赛尔西奥"号猛烈相撞，不过它受损并不严重。1912年3月，"凯撒"号进入本土舰队第4分舰队服役，当时舰上仅保留了基本船员。

▲ 海面上的"凯撒"号战列舰，可以看到前主桅上悬挂着英国皇家海军旗和英国国旗。

▲ 在事故中被"凯撒"号撞沉的四桅帆船"阿富汗"号。

第一次世界大战爆发后，"凯撒"号在补充船员后进入海峡舰队的第7战列舰分舰队，战列舰分舰队的任务主要是保卫英国海岸。在此期间，"凯撒"号与姐妹舰"乔治亲王"号一起护送朴茨茅斯海事局人员前往比利时的奥斯坦德。9月，该舰又护送英国远征军前往法国参战。

1914年12月，"凯撒"号被调往直布罗陀担任警戒舰和射击训练舰。1915年7月，其进入北美及西印度舰队（North America and West Indies Station）服役，在百慕大群岛担任警戒舰和射击训练舰。1918年，结束了北美洲任务的"凯撒"号进入地中海，替代二级巡洋舰"安德洛玛刻"号（HMS Andromache）成为英国亚得里亚海分舰队的旗舰，也是最后一艘在英国皇家海军舰队中担任旗舰的前无畏舰。1918年9月，"凯撒"号前往马耳他接受改造，变成具有修理室和娱乐室的补给舰。改造完成后，"凯撒"号加入英国爱琴海舰队。

第一次世界大战结束后的1919年1月，"凯撒"号前往埃及的塞得港，并继续作为补给舰服役。6月，"凯撒"号随其他皇家海军舰艇经过达达尼尔海峡进入黑海，它作为皇家海军的一员在黑海监视俄国正在进行的革命，这期间它也成为在英国本土之外执行作战任务的最后一艘前无畏舰。

1920年3月，"凯撒"号返回英国并在4月23日退役，它的名字出现在处理名单中。1921年11月8日，一家英国公司购买了已经报废的"凯撒"号，1922年7月它又被卖给了一家德国公司并在德国被拆解。

"汉尼拔"号（HMS Hannibal）

"汉尼拔"号由彭布罗克造船厂建造，该舰于1895年5月1日动工，1896年4月28日下水。1898年4月，完成海试的"汉尼拔"号进入皇家海军服役。5月10日，其被调入海峡舰队服役。1901年2月2日，"汉尼拔"号作为维多利亚女王从考斯前往朴茨茅斯庞大船队的一员出现，1902年8月16日，该舰又参加了英王爱德华七世的海上大阅兵。

1903年10月17日，在距离西班牙较远的海域，恶劣的海况条件使得"汉尼拔"号撞击了姐妹舰"乔治亲王"号的舰艉并在其水线以下留下了一个大洞。1905年，随着海峡舰队成为大西洋舰队，"汉尼拔"号成为大西洋舰队的一员。

1905年2月28日，"汉尼拔"号进入新成立的海峡舰队服役，当1905年8月3日服役结束后其进入德文波特港成为一艘储备舰。1906年，"汉尼拔"号接受了改造，包括有加装重油燃烧装置和主炮塔灭火装置。1907年1月，由于战列舰"海洋"号要进行改造，"汉尼

▲ 在海面上缓慢前进的"汉尼拔"号战列舰，可以看到舷侧的防鱼雷网支撑架。

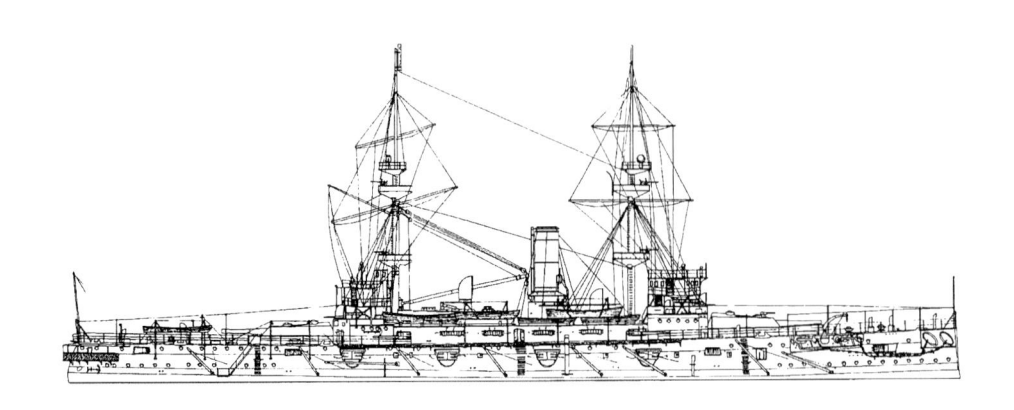

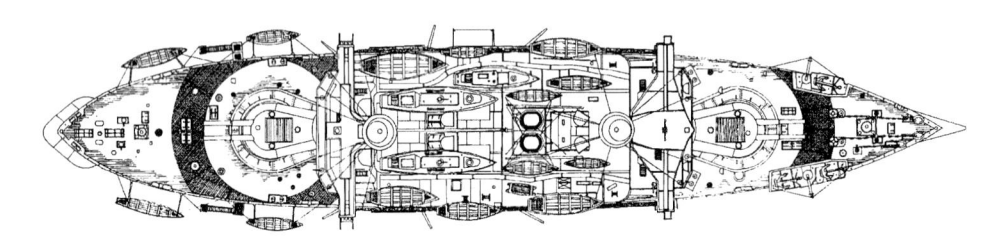

▲ "汉尼拔"号战列舰线图。

拔"号代替了其在海峡舰队中的位置。当"海洋"号完成改造回到海峡舰队后，"汉尼拔"号又替代了马上要进行改造的战列舰"自治领"号的位置。1907年5月，"自治领"号回到海峡舰队后，"汉尼拔"号在完成了任务后再次成为储备舰。1911年11月至1912年3月，其在德文波特接受了新的改造。

第一次大战爆发前，"汉尼拔"号与同级的"宏伟"号、"胜利"号和"玛耳斯"号一起进入第9战列舰分舰队，舰队驻扎在汉伯河口，任务是保卫英国东部的海岸线。当战争爆发时，第9战列舰分舰队被解散，"汉尼拔"号加入多佛尔海峡巡逻，其后来被一级防护巡洋舰"皇家亚瑟"号（HMS Royal Arthur）取代。1915年4月，"汉尼拔"号进入达尔缪尔并开始拆除舰上的武器，最后仅保留了4门152毫米火炮。"汉尼拔"号的305毫米主炮被安装在重炮舰"克莱夫勋爵"级的"尤金亲王"号和"约翰·穆尔爵士"号（HMS Sir John Moore）上。拆卸了武器之后的"汉尼拔"号先后停泊在斯卡帕湾和因弗戈登两地。

1915年9月9日，在格里诺尔的"汉尼拔"号重新启用，其将在达达尼尔海峡战役中作为运兵船参战，10月7日，"汉尼拔"号到达了位于达达尼尔海峡入口处的穆兹罗斯。11月，"汉尼拔"号作为补给船开始在埃及的亚历山大外围执行辅助巡逻任务，同时也担任了从埃及向红海运输部队的任务。

1920年1月，"汉尼拔"号出现在处理名单上，其在1月28日被出售，然后在意大利被拆解。

"卡诺珀斯"级（Canopus class）

19世纪末，日本在取得了甲午战争胜利之后，其海军力量开始急速扩张并威胁到了英国在远东地区的安全。为了加强在远东地区的海上力量，压制变强的日本海军，英国皇家海军需要一种比"尊严"级战列舰更轻更快，并且可以长期在海外执行任务的战列舰。在这种背景下，设计师在"尊严"级的基础上设计出了"卡诺珀斯"级，又称"卡诺帕斯"级。

"卡诺珀斯"级由威廉·亨利·怀特爵士主持设计，属于采用高干舷舰体设计的战列舰。"卡诺珀斯"级舰长130米，舰宽23米，吃水7.9米，标准排水量12950吨，满载排水量14320吨。

"卡诺珀斯"级的武器系统包括：4门305毫米Mk Ⅷ/35型主炮，这些火炮以2门为一组安装在前后两座位于中轴线的装甲炮塔内；12门Mk Ⅳ型152毫米速射炮，每侧有6门，分上下层配置，与"尊严"级相同，其中位于下面的4门火炮在舰体装甲带内，上面的2门火炮安装在舰体中部甲板以上的前后两侧；"卡诺珀斯"级上安装的76毫米火炮较"尊严"级减少，共有10门，这些火炮分别安装在舰艏、舰体中部和舰艉上；"卡诺珀斯"级上的47毫米火炮数量减少至6门，都安装在桅盘上；除了火炮之外，"卡诺珀斯"级上有4具450毫米鱼雷发射管，这4具发射管都位于水线以下。

"卡诺珀斯"级的防御很强，由于大量安装了性能优秀的克虏伯装甲钢板，在防护不受影响的前提下军舰上装甲厚度降低，整体装甲重量也明显减少。"卡诺珀斯"级位于舷侧的主装甲带装甲厚达152毫米，装甲带包括了整个舰身侧面。"卡诺珀斯"级的隔舱装甲厚152至254毫米，经过重点强化的指挥塔装甲厚305毫米。"卡诺珀斯"级的全防护炮

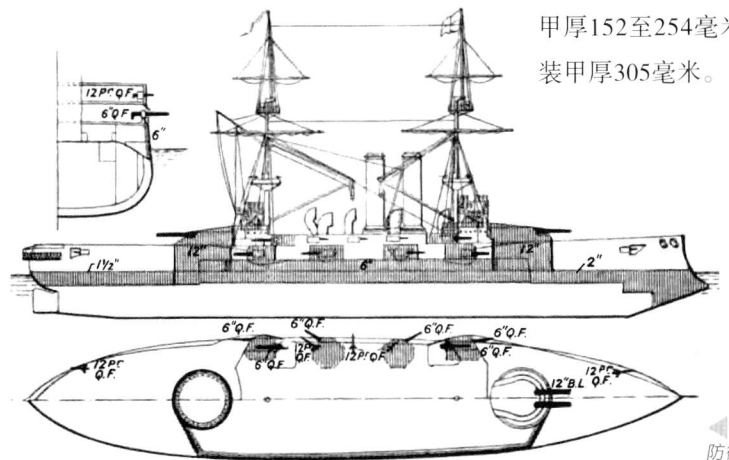

▲ 在"光荣"号前甲板的主炮塔旁，水兵们正在排队领取啤酒。

◀ "卡诺珀斯"级线图，体现了装甲防御和火炮的分布。

塔采用了非常好的防弹外形，炮塔装甲厚203毫米，炮塔基座装甲厚305毫米。除了主炮部分的装甲防护，"卡诺珀斯"级两侧副炮也有152毫米的装甲炮郭，其甲板厚度在25.4至51毫米之间。

"卡诺珀斯"级安装了8座单头圆筒水管锅炉，2座立式三胀式蒸汽机，以两轴推进。"卡诺珀斯"级是最早安装水管锅炉的英国战列舰，这种锅炉可以提供更高的功率和更好的燃煤经济性，即便是在全速航行时，其每小时的耗煤量也保持在10吨左右。尽管也有两根烟囱，但是"卡诺珀斯"级一改之前英国前无畏舰烟囱左右横行并排排列的方式，改为更合理的前后纵向排列。以蒸汽机提供动力的"卡诺珀斯"级输出功率达到了15400马力，最高航速超过18节，成为当时跑得最快的战列舰。"卡诺珀斯"级拥有较好的续航能力，在10节航速时能够持续航行4500海里。

1896年12月1日，"卡诺珀斯"级的首舰"光荣"号战列舰在凯莫尔·莱尔德造船厂开工建造，该级其他5艘分别在朴茨茅斯造船厂、泰晤士钢铁厂、查塔姆造船厂、德文波特造船厂及维克斯公司建造。所有的"卡诺珀斯"级战列舰都在1897至1902年间下水并服役。服役之后的"卡诺珀斯"级先后在英国海域、大西洋、地中海、太平洋及俄罗斯北部海域执行任务。尽管在"无畏"号诞生之后，"卡诺珀斯"级就过时了，但是它们全部参加了第一次世界大战并在激烈的达达尼尔海峡战役中遭到了损失。4艘"卡诺珀斯"级战列舰幸存至战后，最终在20世纪20年代退役拆解。

"卡诺珀斯"级是在"尊严"级基础上设计建造的新一级战列舰，尽管整体火力降低、排水量下降，但是却有更高的航速和更好的远洋作战能力，适于在远东和太平洋地区部署。在技术上，"卡诺珀斯"级战列舰采用了水管锅炉和克虏伯装甲钢板，这提高了军舰的动力和防御，同时又大大减轻了重量。可以说，在英国前无畏舰中，"卡诺珀斯"级具有承上启下的作用。

◀ "卡诺珀斯"级战列舰的前甲板，水兵们正在晒太阳，其中两个水兵坐在主炮炮管上。

▲ "戈利亚"号上的部分水兵在前主炮前合影,可以看到主炮塔上有一门47毫米炮。

"卡诺珀斯"级战列舰一览表

舰名	译名	建造船厂	开工日期	下水日期	服役日期	命运
HMS Canopus	卡诺珀斯	朴茨茅斯造船厂	1897.1.4	1897.10.12	1899.12.5	1919年4月退役,1920年2月18日出售拆解
HMS Glory	光荣	凯莫尔·莱尔德造船厂	1896.12.1	1899.3.11	1900.11.1	1921年9月17日退役,1922年12月19日出售拆解
HMS Albion	阿尔比恩	泰晤士钢铁厂	1896.12.3	1898.6.21	1901.6.25	1919年8月退役,1919年12月11日出售拆解
HMS Goliath	戈利亚	查塔姆造船厂	1897.1.4	1898.3.23	1898.3.23	1915年5月12日被土耳其驱逐舰发射的鱼雷击沉
HMS Ocean	海洋	德文波特造船厂	1897.2.15	1898.7.5	1900.2.20	1915年3月18日被土耳其水雷击沉
HMS Vengeance	报复	维克斯公司	1898.8.23	1899.7.25	1902.4.8	1920年7月9日退役,1921年12月1日出售拆解

基本技术性能	
基本尺寸	舰长130米，舰宽23米，吃水7.9米
排水量	标准12950吨 / 满载14320吨
最大航速	18节
动力配置	8座燃煤锅炉，2座立式三胀式蒸汽机，15400马力
武器配置	4×305毫米火炮，12×152毫米火炮，10×76毫米火炮，6×47毫米火炮，4×450毫米鱼雷发射管
人员编制	750名官兵

"卡诺珀斯"号（HMS Canopus）

"卡诺珀斯"号由朴茨茅斯造船厂建造，该舰于1897年1月4日动工，1897年10月12日下水。1899年12月5日，完成海试的"卡诺珀斯"号加入了地中海舰队。1900年12月至1901年6月，其在马耳他接受了改造。1903年4月，"卡诺珀斯"号结束了在地中海地区的服役，于4月25日返回朴茨茅斯。在朴茨茅斯期间，作为储备舰的"卡诺珀斯"号在伯肯黑德接受了全面改造，改造一直持续到1904年6月。

完成改造的"卡诺珀斯"号后来在朴茨茅斯重新服役，在1904年8月5日的演习中，其在芒茨湾与"巴弗勒尔"号战列舰相撞，舰体受到了轻微损伤。1905年5月9日，"卡诺珀斯"号准备接替"百人队长"号在中国舰队的位置，其一路向东先后到达科伦坡和锡兰等地。就在"卡诺珀斯"号的航行途中，英国与

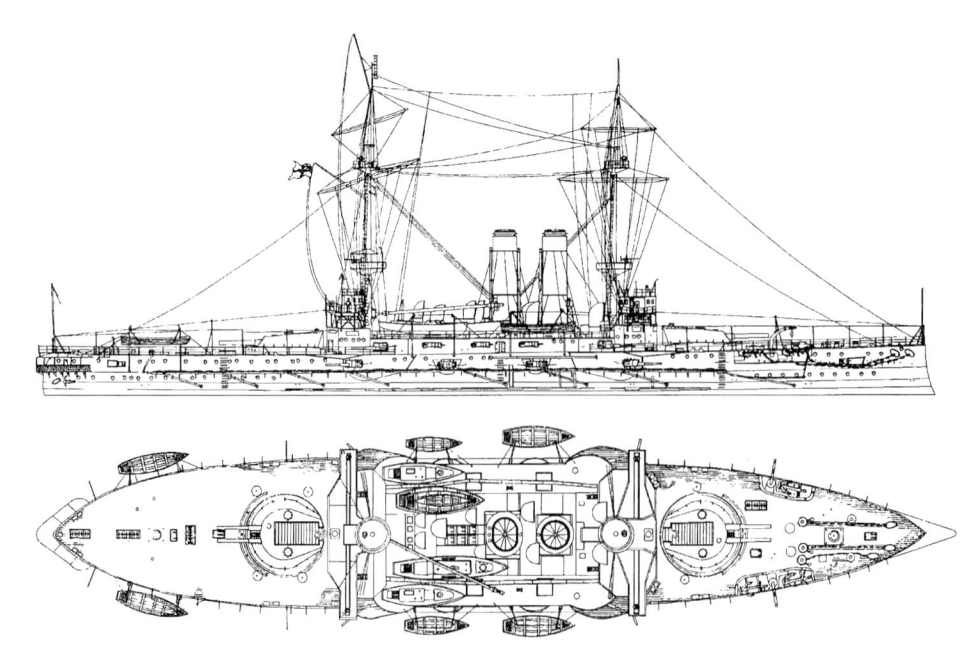

▲ "卡诺珀斯"号战列舰线图，其前后排列的烟囱是与之前战列舰最大的不同。

日本签订了同盟条约，这意味着英国不再需要在远东和太平洋地区保持相当数量的海军力量。在这种情况下，"卡诺珀斯"号接到命令后掉头返航。

当"卡诺珀斯"号返回英国后，其于1905年7月22日加入了大西洋舰队，1906年1月又转入了海峡舰队并在年末安装了新的火控系统。1907年3月10日，"卡诺珀斯"号转入本土舰队的朴茨茅斯分舰队，此时其仅保留了基本船员。1907年11月至1908年4月，"卡诺珀斯"号接受改造，改造结束后的1908年4月28日，其被调往地中海舰队。在1909年4月28日，"卡诺珀斯"号被调回了本土舰队的第4分舰队，并在1911年7月至第二年4月在查塔姆造船厂进行维修。1912年5月，"卡诺珀斯"号在诺尔作为第4分舰队的一艘母舰。1913年至1914年，"卡诺珀斯"号驻守在威尔士的彭布罗克，当时它属于第3分舰队。

第一次世界大战爆发后，"卡诺珀斯"号加入了海峡舰队的第8战列舰分舰队。1914

▲ 1915年3月，正在达达尼尔海峡向土军防线猛烈开火的"卡诺珀斯"号。

年8月21日，"卡诺珀斯"号被派遣管理佛得角至加那利群岛的航线，并且支援这里的巡洋舰分队。9月1日，姐妹舰"阿尔比恩"号代替了它的工作，"卡诺珀斯"号被调往南美舰队，其于1914年9月22日抵达亚伯洛赫。在亚伯洛赫，"卡诺珀斯"号主要担任警戒任务并支援海军少将克里斯托弗·克拉多克（Christopher Cradock）领导的巡洋舰分队。

1914年10月8日，"卡诺珀斯"号随克拉多克的巡洋舰离开亚伯洛赫，它们的任务是

▲ 停泊中的"卡诺珀斯"号战列舰，其舰艉搭起了凉棚。

▲ 后来晋升为海军上将的克里斯托弗·克拉多克。

▲ 海面上的"卡诺珀斯"号，可以看到其采用了今天常见的前后排列的烟囱。

截击德国海军中将玛克西米利安·冯·斯佩（Maximilian von Spee）率领的德国舰队。"卡诺珀斯"号于10月18日到达福克兰群岛，并在那里担任守备舰。当时已经机械老化的"卡诺珀斯"号的航速不超过12节，于是克拉多克决定率领速度更快的巡洋舰先行离开福克兰群岛前往南太平洋搜索德国舰队。

1914年11月1日，克拉多克的舰队在智利以南海域与斯佩指挥的德国舰队相遇，他在不了解敌我实力对比的情况下贸然率领4艘巡洋舰发起了进攻。在德国舰队的猛烈打击下，克拉多克的旗舰"好望角"号和"蒙默斯"号被击沉，他本人和1600名官兵丧生。与英国的惨重损失相比，德国舰队仅有两艘巡洋舰受轻伤，无人阵亡，这场战斗便是著名的科罗内尔角海战。

在整个科罗内尔角海战中，速度缓慢的"卡诺珀斯"号一直在距离战场300公里之外的地方，它收到了友军的求援无线电并努力向己方舰艇靠拢。科罗内尔角海战结束后，幸存的"奥特朗托"号和"格拉斯哥"号与"卡诺珀斯"号汇合并撤往福克兰群岛的斯坦利港。回到斯坦利港之后，"卡诺珀斯"号迅速展开了防御工作，其派出70名海军陆战队士兵上岸在高处建立观察点。为了掩盖自己战列舰的身份，"卡诺珀斯"号还拆除了高大的桅杆。"卡诺珀斯"号选择了在港外停泊，以其威力强大的305毫米主炮掩护港内的其他舰只，此时它成为了斯坦利港防御的核心力量。

1914年12月7日，由海军中将弗雷德里克·多夫顿·斯特迪（Frederick Doveton Sturdee）率领的战列巡洋舰"无敌"号和"不挠"号抵达斯坦利港。就在第二天早晨8时，港外的"卡诺珀斯"号发现了海平面上出现的烟迹，在确认是德国舰队后它在11公里的最大射程上向敌人开火，打响了福克兰群岛海战的第一炮。尽管是最大射程，但是"卡诺珀斯"号的305毫米主炮还是命中了德国装甲巡洋舰"格奈森诺"号。在遭到重炮打击并看到港内林立的战舰桅杆后，斯佩命令德国舰队迅速转向。借此机会，港内的英国战列巡洋舰和装甲巡洋舰对德国舰队展开追击并最终将大部分对手消灭。在这次著名的海战中,"卡诺珀斯"号由于速度太慢再次错过了主要战斗。

1905年2月,为了支援在地中海进行的达达尼尔海峡战役,"卡诺珀斯"号前往地中海。1915年3月2日,"卡诺珀斯"号参加了对土军阵地的炮击,并在4日掩护了协约国军队的登陆。在登陆期间,"卡诺珀斯"号负责掩护作为炮击主力的无畏舰"伊丽莎白女王"号(HMS Queen Elizabeth)。3月10至12日,"卡诺珀斯"号又掩护了扫雷艇以扫除土军布设的水雷。

结束了在达达尼尔海峡的炮击和掩护任务后,"卡诺珀斯"号与轻巡洋舰"塔尔伯特"号一起护送受伤的战列巡洋舰"不挠"号。由于"不挠"号受伤严重,在途中失去动力,"卡诺珀斯"号只好担任拖轮的角色,将

▲ 海军中将弗雷德里克·多夫顿·斯特迪。

▼ 曾经被"卡诺珀斯"号拖拽救援的战列巡洋舰"不挠"号。

其拖至马耳他进行维修。

完成拖拽任务的"卡诺珀斯"号返回达达尼尔海峡,其参与了对土耳其港口士麦那的封锁,然后于1915年4月25日参加了一次牵制性进攻。5月22至23日,"卡诺珀斯"号的姐妹舰"阿尔伯恩"号在伽巴帖培附近的沙洲搁浅,"卡诺珀斯"号前去将其拖拽出来。1915年5至7月,经过长时间作战的"卡诺珀斯"号进入马耳他进行维修。达达尼尔海峡战役结束之后,"卡诺珀斯"号被调往英国东地中海分舰队服役,直到1916年4月才返回英国。

1916年4月22日,"卡诺珀斯"号抵达朴茨茅斯,其在查塔姆转入储备并用于培训反潜人员。1917年,"卡诺珀斯"号上的武器纷纷被拆除。到1918年2月,它变成了一艘储备舰。1919年4月,"卡诺珀斯"号出现在处理名单上,其在1920年2月18日被出售,在26日被拖至多佛尔港拆解。

▲ 轻巡洋舰"塔尔伯特"号(HMS Talbot)。

"光荣"号(HMS Glory)

"光荣"号由凯莫尔·莱尔德造船厂建造,该舰于1896年12月1日动工,1899年11月1日下水。1900年11月1日,完成海试的"光荣"号加入了中国舰队。1900年11月24日,"光荣"号离开英国前往中国,此时其舰长是卡特(A·W·Catter)。1901年4月17日,在一场暴风雨中,停泊在香港的"光荣"号与战列舰"百人队长"号相撞。这次相撞中"光荣"号没有受损,但是它的舰艏却在"百人队长"号的水线之下留下了一个大洞。

1901年,中国舰队司令官西普里安·布里奇(Cyprian Bridge)在"光荣"号上升起了他的将旗。1905年,随着英国和日本签订了同盟条约,所有在中国舰队服役的战列舰都被召回,其中就包括了"光荣"号。1905年7月22日,"光荣"号离开香港,至10月2日抵达朴茨茅斯并转入储备舰。

1905年10月24日,"光荣"号重新在海峡舰队服役。1906年10月31日,其转入朴茨茅斯储备舰队,1907年1月加入了本土舰队的朴茨茅斯分舰队。1907年9月,"光荣"号在朴茨茅斯接受改造并安装了包括火控系统和冷却系统在内的设备。当改造在1907年9月18日

▲ 1900年12月拍摄的"光荣"号,此时其正准备离开朴茨茅斯前往中国。

▲ 另一张同一时期拍摄的"光荣"号照片。

结束后，其加入了地中海舰队。1909年4月21日，"光荣"号在诺尔加入了本土舰队的第4分舰队。1912年5月，"光荣"号又被调往第3分舰队。

当第一次世界大战爆发时，"光荣"号加入了海峡舰队的第8战列舰分舰队，基地在德文波特。1914年8月5日，"光荣"号被调往加拿大的哈利法克斯，加入了北美及西印度舰队的巡洋舰中队并成为舰队的旗舰。当年10月，其为一支从加拿大出发的护航船队进行护航。

为了支援达达尼尔海峡战役，"光荣"号于1915年5月进入地中海，6月进入达达尼尔海峡。1915年底至1916年1月间，"光荣"号进入苏伊士运河进行巡逻。4月，"光荣"号返回英国，在朴茨茅斯港接受改造并一直持续至7月。

1916年8月1日，"光荣"号加入了英国北俄罗斯分舰队（British North Russia Squadron），并成为海军少将肯普的旗舰。在这期间，"光荣"号的任务是以阿尔汉格尔斯克为基地，保护俄罗斯军队的补给物资。直到1919年9月，"光荣"号返回英国转入储备并接受了维护和修理。1920年4月，"光荣"号更名为"科雷森特"号，5月1日其进入罗塞斯并作为一艘港口仓库船。1921年，"光荣"号出现在处理名单上，其于1922年12月19日被出售。

"阿尔比恩"号（HMS Albion）

"阿尔比恩"号（又称"阿尔比翁"号）由泰晤士钢铁厂建造，该舰于1896年12月3日动工，1898年6月21日下水。1901年6月25日，完成海试的"阿尔比恩"号加入皇家海军，其第一任舰长是休伊特（W. W. Hewett），全舰官兵共779人。"阿尔比恩"号服役后便被调往中国舰队，以替代战列舰"巴弗勒尔"号。

1901年9月11日，"阿尔比恩"号到达香港，并成为中国舰队的第二旗舰。在中国舰队服役期间，"阿尔比恩"号曾在1902年和1905年两次进行改造。1905年，随着英国和日本签订同盟条约，"阿尔比恩"号被调回英国本土。"阿尔比恩"号在新加坡与姐妹舰"海洋"号、"报复"号以及"百人队长"级的"百人队长"号战列舰汇合，4艘战列舰在1905年8月2日到达朴茨茅斯。

返回英国之后，"阿尔比恩"号加入海峡舰队。1905年9月26日，"阿尔比恩"号在勒威克与战列舰"邓肯"号相撞，但是并没有受损。1906年4月3日，"阿尔比恩"号转入储备，其在查塔姆造船厂接受了动力和锅炉方面的改造。

1907年2月26日，"阿尔比恩"号加入本土舰队的朴茨茅斯分舰队。3月26日，"阿尔比恩"号开始进入大西洋舰队服役。在大西洋舰队服役期间，"阿尔比恩"号于1908和1909年分别在直布罗陀和马耳他接受维修。1909年7月17至24日，"阿尔比恩"号随大西洋舰队进入伦敦并且对市民开放。7月31日，在考斯的大西洋舰队和本土舰队接受了英王乔治七世和亚历山德拉女王的检阅。1909年8月25日，"阿尔比恩"号结束了在大西洋舰队的服役，后来成为本土舰队第4分舰队的一员。1912年5月，"阿尔比恩"号加入第3分舰

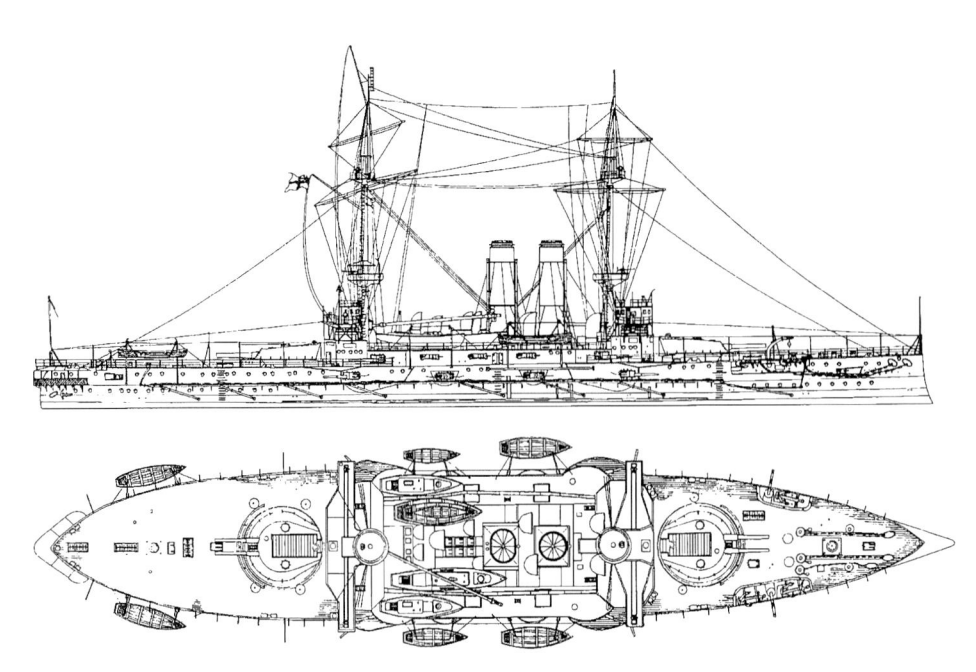

▲ "阿尔比恩"号的线图，其前后两根主桅上连接着复杂的缆线。

▲ 停泊在托马斯钢铁厂码头上的"阿尔比恩"号战列舰。

队并在查塔姆接受了维修。

当第一次世界大战爆发时,"阿尔比恩"号被调入海峡舰队的第8战列舰分舰队。1914年8月15日,"阿尔比恩"号成为第7战列舰分舰队的第二旗舰。1914年8月21日,"阿尔比恩"号又被调往圣文森-菲尼斯特雷分舰队支援舰队中的巡洋舰,以防德国海军大型军舰突破皇家海军的封锁进入大西洋。9月3日,"阿尔比恩"号前往佛得角-加那利群岛分舰队代替其姐妹舰"卡诺珀斯"号的位置。10月,"阿尔比恩"号被调往好望角舰队(Cape of Good Hope Station),作为鲸湾的警戒舰。1914年12月至1915年1月,"阿尔比恩"号参加了针对于非洲德国殖民地的联合行动。

1915年1月,"阿尔比恩"号进入地中海为即将进行的达达尼尔海峡战役做准备。在2月18和19两天,"阿尔比恩"号对土军阵地进行了炮击。2月26日,"阿尔比恩"号和"尊严"号、"凯旋"号一起进入达达尼尔海峡。2至3月,"阿尔比恩"号参加了支援联军最早登陆的作战。

1915年3月1日,"阿尔比恩"号再次对土军阵地进行持续炮击,但是却没有造成严重破坏。3月18日,其又参加了炮击行动并且在4月25日对"V"海滩的登陆进行支援。4月28日,在与克里希亚土军海岸炮台的炮战中,"阿尔比恩"号受到创伤,不得不前往德洛斯进行维修。当5月2日返回前线后,"阿尔比恩"号再次受创并返回德洛斯进行维修。

1915年5月22至23日夜,"阿尔比恩"号在伽巴帖培对土军海岸炮台进行炮击时搁浅,一动不动的军舰遭到了对方的猛烈攻击。战斗中一共有超过200枚弹片击中了"阿尔比恩"号,但是由于其卓越的防护并没有损坏,不过横飞的弹片却夺去了至少12名船员的生命。最终,"阿尔比恩"号通过努力重获自由,它立即对土军炮台进行反击。5月24日,姐妹舰"卡诺珀斯"号将其拖至安全地带,在被拖拽过程中,"阿尔比恩"号一直在对敌人进行射击。5至6月,"阿尔比恩"号进入马耳他并接受了维修。

1915年10月4日,"阿尔比恩"号到达希腊的萨洛尼卡并成为第3独立分舰队的一员,它的任务是帮助法国海军加强对希腊和保加利亚海岸的封锁并且对苏伊士运河进行巡逻。结束了地中海的战斗后,"阿尔比恩"号在1916年4月成为爱尔兰皇后镇的守备舰。5月,其前往德文波特接受改造,改造完成后前往汉伯河口进行巡逻。1918年10月,完成了守备任务的"阿尔比恩"号被改装成一艘宿舍船。

1919年8月,"阿尔比恩"号出现在处理名单上,其于1919年12月11日被出售,1920年1月6日在莫克姆被拆解。

"戈利亚"号(HMS Goliath)

"戈利亚"号由查塔姆造船厂建造,该舰于1897年1月4日动工,1898年3月23日下水。1900年3月27日,完成海试的"戈利亚"号加入了中国舰队。其在到达中国舰队基地香港后便在1901年9月至1902年4月接受了维修。1903年7月,"戈利亚"号返回英国,其于10月9日在查塔姆转为储备舰。1904年1至6月,身为储备舰的"戈利亚"号在位于泰恩河畔的帕尔默造船厂接受改进,然后参加了1904年举行的演习。

1905年5月9日,"戈利亚"号重新服役并代替其姐妹舰"海洋"号在中国舰队中的位置。然而随着英国和日本之间同盟条约的签订,皇家海军停止了在远东和太平洋海域部署战列舰。当时,"戈利亚"号已经到达了锡兰(今天的斯里兰卡)的科伦坡,接到命令后其返航并加入了地中海舰队。

1906年1月,"戈利亚"号加入海峡舰队。在安装了新的火控设备后,"戈利亚"号于1907年3月15日加入了本土舰队的朴茨茅斯分舰队。其在1907年8月至1908年1月间进行了一次机械检修。完成检修的"戈利亚"号于

▲ 1907年在大洋上航行的"戈利亚"号,从正面看其外形还是很扁的。

▲ 海面上的"戈利亚"号,可以看到前甲板上的炮塔和前主桅上的观测桅楼。

▲ 停泊在查塔姆的"戈利亚"号。

1908年2月4日再次进入地中海舰队服役,在其前往马耳他的航行中,一个螺旋桨轴断裂,致使其修理了四个月。"戈利亚"号在1909年4月20日结束了在地中海的服役,4月22日加入本土舰队的第4分舰队。1910至1911年,"戈利亚"号在查塔姆造船厂整修,之后的1913年其加入第3分舰队,但是作为储备舰停泊在威尔士的彭布罗克。

第一次世界大战爆发后,"戈利亚"号加入了本土舰队的第8战列舰分舰队,驻地在德文波特。后来,"戈利亚"号前往斯卡帕湾以掩护停泊中的大舰队。1914年8月25日,"戈利亚"号参加了在比利时奥斯坦德的登陆行动,其以火力支援了进行登陆作战的朴茨茅斯海军陆战营。

1914年9月20日,"戈利亚"号被调入东印度舰队,其任务是支援中东地区的英国巡洋舰,为经过波斯湾和德属东非的来自印度的船队提供护航。期间,"戈利亚"号参加了在鲁菲吉河封锁德国轻巡洋舰"柯尼斯堡"号(SMS Königsberg)的行动,全舰官兵凭借在这次行动中的表现获得了维多利亚十字勋章。1914年12月至1915年1月,"戈利亚"号在南非的西蒙斯敦接受了维修,之后回到鲁菲吉河口继续封锁"柯尼斯堡"号。

1915年3月22日,"戈利亚"号接到命令前往地中海参加达达尼尔海峡战役,其于4月抵达目的地,此时舰长是托马斯·劳里·谢尔福德(Thomas Lawrie Shelford)。4月25日,作为联合舰队的一员,"戈利亚"号参加了"X"和"Y"海滩的登陆作战。在此后的战斗中,"戈利亚"号曾被土军火炮多次命中。

由于当时土军缺乏远程火炮,因此像"戈利亚"号这样的战列舰可以呆在土军火力范围之外从容射击,给土军造成了很大的损失。尽管看上去不可能,但是土军参谋部却作出了击沉"戈利亚"号的决定。5月12至13日的夜晚,"戈利亚"号停泊在海丽丝岬。13

日1时,土军的一艘鱼雷驱逐舰趁着夜色穿过了由英国驱逐舰组成的外围警戒线,接近独自停泊中的"戈利亚"号。在近距离上,土军驱逐舰同时发射了两枚鱼雷,这两枚鱼雷准确命中了"戈利亚"号前部炮塔位置并引发了剧烈爆炸。就在军舰开始倾覆的时候,第三枚鱼雷击中了"戈利亚"号后主炮的位置。最终"戈利亚"号带着包括舰长在内的570人沉入大海,而进行袭击的土军驱逐舰却乘乱溜走了。"戈利亚"号是皇家海军在达达尼尔海峡损失的第4艘战列舰,之后附近的所有战列舰都被迫撤退了。凭借着击沉"戈利亚"号的战果,土军驱逐舰舰长得到晋升,参与袭击计划制定的德国参谋人员也获得了勋章。

"海洋"号(HMS Ocean)

"海洋"号由德文波特造船厂建造,该舰于1897年2月15日动工,1898年7月5日下水。1900年2月20日,完成海试的"海洋"号加入了地中海舰队,其第一任舰长是阿什顿·柯曾·豪(Assheton Curzon Howe)。1902年,"海洋"号被调往中国以应对义和团运动。1902年9月,"海洋"号在一场台风中受损,之后便一直接受维修。

1905年,英国与日本签订了同盟条约,所有中国舰队的战列舰都被调回国内。1905年6月7日,"海洋"号与"百人队长"号战列舰离开香港前往新加坡,在那里它们与另外两艘属于"卡诺珀斯"级的"阿尔比恩"号和"报复"号战列舰汇合,然后一起返回朴茨茅斯。返回英国后,"海洋"号在查塔姆被储备起来。

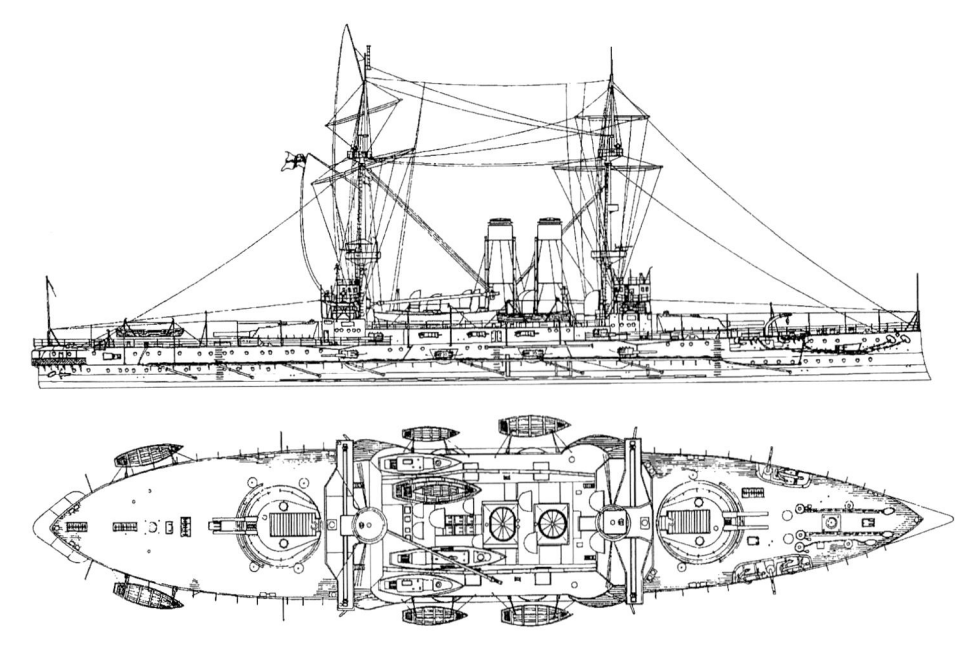

▲ "海洋"号战列舰线图,其前后甲板都很宽阔。

在好天气下停泊的"海洋"号,缕缕青烟从其后烟囱中飘了出来。

▲ 1907年8月停泊在海面上的"海洋"号,其刚刚完成了一次短期维修。

▲ 1908年夏天的"海洋"号战列舰,从外表上看其很新。

1906年1月2日，"海洋"号加入本土海峡舰队服役，1907年1至3月和1908年4至6月，其两次进入查塔姆进行维修。1908年6月2日，"海洋"号加入地中海舰队，其在1908至1909年在马耳他进行维修以改进其火控系统。1910年2月16日，"海洋"号加入本土舰队的第4分舰队。1913至1914年，"海洋"号转入第3分舰队服役，其驻扎在威尔士的彭布罗克。

第一次世界大战爆发后，"海洋"号于1914年8月14日加入海峡舰队的第8战列舰分舰队。8月21日，"海洋"号前往爱尔兰的皇后镇以加强当地的防御并加强巡洋舰队的力量。9月，"海洋"号替代了姐妹舰"阿尔比恩"号在佛得角-加那利群岛分舰队中的位置，但是在航行途中其突然接到命令前往东印度舰队并为中东地区的船队提供保护。之后，"海洋"号一直在波斯湾附近执行护航任务。1914年12月，"海洋"号进驻埃及的苏伊士以加强苏伊士运河的防御。

1915年2月，"海洋"号北上支援达达尼尔海峡的作战。3月1日，"海洋"号作为皇家海军支援舰队的一员参加了对土军阵地的炮击，之后其又为登陆部队提供了强有力的火力支援。3月18日，"海洋"号对海峡周围的土军堡垒进行炮击。炮击中，与"海洋"号同行的战列舰"无阻"号被土军布设的水雷击中，舰上的大部分人员都被驱逐舰接走，但是军官和许多志愿者却留下来想要拯救这艘战舰。"海洋"号参加了营救工作，它试图强行将"无阻"号拖走，但是由于"无阻"号进水严重近乎搁浅，营救工作陷入停顿。面对搁浅不动的"无阻"号和土军越来越猛烈的炮火，"海洋"号最终接走了"无阻"号上最后的人员。

就在接收"无阻"号人员之后的18时05分，"海洋"号也被一枚水雷击中。剧烈的爆炸在其右舷撕开了一个大洞，海水顺势将右舷煤仓和通道淹没，舰体也因此向右出现了15度的倾斜。进水的"海洋"号遭到了来自土军炮火的攻击，其右侧动力舱损坏。19时30分，为了减少人员伤亡，英军决定放弃"海洋"号并派驱逐舰接走舰上的人员，而燃烧的"海洋"号一直漂浮在海面上。为了避免战舰落入敌手，驱逐舰"杰德"号用鱼雷将"海洋"号和之前触雷搁浅的"无阻"号击沉，它的残骸残存至今。

"报复"号（HMS Vengeance）

"报复"号由维克斯公司建造，该舰于1898年8月23日动工，1899年7月25日下水。1902年4月8日，完成海试的"报复"号加入了地中海舰队。1903年7月其又被调往中国舰队以替代姐妹舰"戈利亚"号。1903至1904年间，"报复"号在香港接受维修。

1905年，英国与日本签订了同盟条约，所有中国舰队的战列舰都被调回国内。1905年6月1日，"报复"号接到命令返回英国，其前往新加坡与姐妹舰"海洋"、"阿尔比恩"号以及"百人队长"级的"百人队长"号战列舰汇合，然后一起返回朴茨茅斯。1905年8月23日，"报复"号在德文波特被储备起来，其在1906年接受了维修和改造。

1906年5月15日，"报复"号加入海峡舰队，之后又于1908年5月6日转入本土舰队。6月13日，"报复"号在朴茨茅斯附近与商船"前路"号（SS Begore Head）相撞，不过损伤轻微。1909年，"报复"号被调往本土舰队的诺尔分舰队，在这期间其成为一种特殊搭载母舰。4月，"报复"号前往位于查塔姆造船厂的海军炮术学校并成为一艘射击训练舰。

1910年11月29日，在大雾中航行的"报复"号与商船"比特"号（SS Biter）号相撞，其船侧的围栏等设备损坏严重。1913年1月，"报复"号成为驻扎在波特兰的第6战列舰分舰队的一员，其又一次成为射击训练舰。

第一次世界大战爆发后，"报复"号加入海峡舰队的第8战列舰分舰队，在英国海岸和大西洋上巡逻。8月15日，"报复"号进入第7战列舰分舰队并替代"乔治亲王"号成为旗舰。10月25日，"报复"号作为掩护舰只参加了朴茨茅斯海军陆战营在比利时爱斯坦德的登陆行动。11月，"报复"号前往西非对德属喀麦隆进行封锁，然后前往埃及的亚历山大港替换之前在这里执行守备任务的装甲巡洋舰"黑太子"号和"猎户星"号。结束了埃及的任务，"报复"号被调往佛得角–加那利群岛分舰队，将"阿尔比恩"号替换下来。

1915年1月22日，停泊在直布罗陀的"报复"号成为英国新组建的达达尼尔分舰队的第二旗舰，其于2月到达达尼尔海峡。1915年2月18和19日，"报复"号对土耳其海峡入口处土军要塞的炮击拉开了达达尼尔海峡战役的序幕。之后，"报复"号还参加了3月18日在夺命湾的登陆行动。

1915年3月19日，当土耳其军队对在澳新军团湾登陆的协约国部队发起反击时，"报复"向冲锋中的土军发射了大量炮弹，瓦解了土军的攻势。3月25日，一艘在达达尼尔海峡活动的德国潜艇向"报复"号发起攻击，但是没有成功。7月，由于锅炉出现了故障，"报复"号无法继续作战，其返回英国并在德文波特港接受维修和改造。

1915年12月，结束改造的"报复"号于当月30日前往东非，其支援了英军1916年占领达累斯萨拉姆的军事行动。1917年2月，"报复"号返回英国后被储备起来。1918年2月，"报复"号重新服役并被用于实验新型的速射炮炮口消焰设备，在完成实验后舰上的武器开始被拆除。到5月，"报复"号已经成为一艘弹药运输船。

1920年7月9日，"报复"号出现在处理名单上，其于1921年12月1日被售出。尽管即将面对被拆解的命运，但是"报复"号似乎并不甘心就这么消失。12月27号，在船只拖拽下，"报复"号前往目的地多佛尔，但是在途中拖拽的绳索突然断开，"报复"号偏离了英国航道漂往法国海域。后来法国派出船只先将"报复"号拖至法国港口瑟堡，然后再拖至多佛尔。当"报复"号抵达多佛尔时已经是1922年1月9日了，其最终在这里被拆解。

▲ 1901年刚刚建造完毕的"报复"号。

第二章 前无畏舰时代（上） / 113

▲ 1899年7月25日下水，正从维克斯公司滑入大海的"报复"号，注意舰艏的冲角设计。

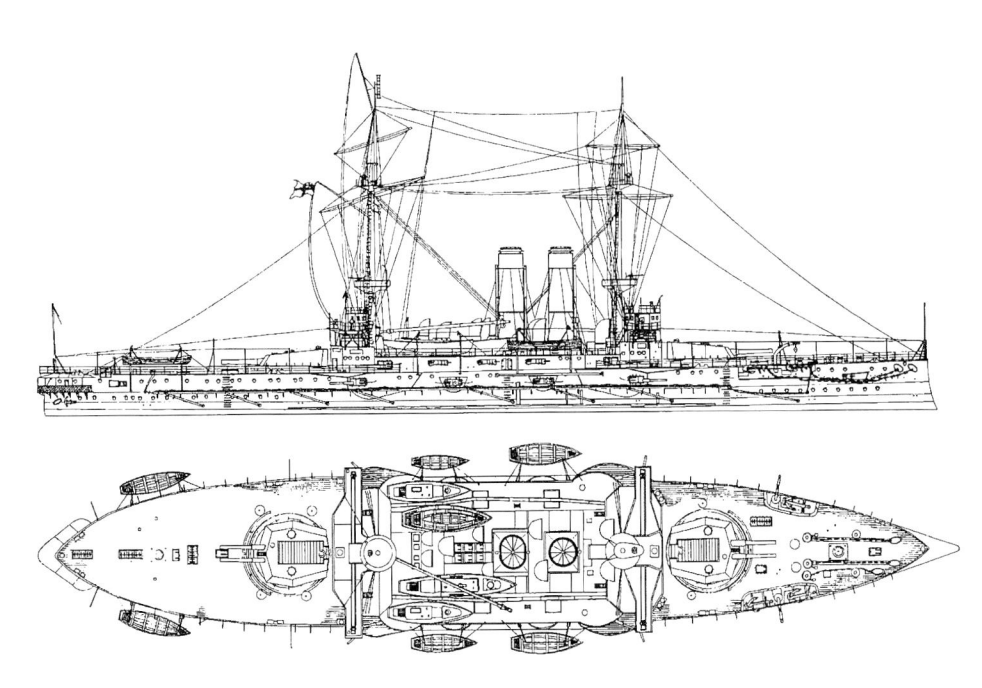

▲ "报复"号战列舰线图。

正在进港的"报复"号战列舰,一旁有几艘拖轮在引导其进港。

第三章
前无畏舰时代（下）

"可畏"级（Formidable class）

"尊严"级服役之后，英国的船舶设计师开始在该级战列舰上进行改进，并推出了新的"可畏"级。不过从整体结构上看，新战列舰更像是"卡诺珀斯"级的放大版。

"可畏"级由威廉·亨利·怀特爵士主持设计，属于采用高干舷舰体设计的战列舰。"可畏"级舰长131.4米，舰宽22.9米，吃水7.9米，标准排水量14500吨，满载排水量15800吨。

"可畏"级的武器系统与"尊严"级相似，包括：4门305毫米Mk IX型主炮，这些火炮以2门为一组安装在前后两座位于中轴线的装甲炮塔内；12门152毫米速射炮，每侧有6门，分上下层配置，与"尊严"级相同，2门火炮安装在舰体中部甲板以上的前后两侧，位于下面的4门火炮则在舰体装甲带上，其中两侧的2门火炮是安装在向外突出的炮郭中的；"可畏"级上安装的76毫米火炮与"尊严"级一样多，共有16门，这些火炮分别安装在舰艏、舰体中部和舰艉；"可畏"级上的47毫米火炮数量减少至6门，都安装在桅盘上；除了火炮，"可畏"级上有4具450毫米鱼雷发射管，这4具发射管都位于水线以下。

与"卡诺珀斯"级一样，"可畏"级也采用了质量上乘的克虏伯装甲钢板。为了保证军舰的速度，在设计上一般都会减轻装甲厚度，这也会降低军舰的防御能力，不过"可畏"级没有这么做。在"可畏"级上，克虏伯

▲ 1905年在马耳他干船坞中对舰体进行清洁处理的"怨仇"号（左）和"无阻"号（右），由于热带海域浮游生物生长很快，必须经常进行清理。

装甲钢板为军舰提供了进一步的保护。"可畏"级位于舷侧的装甲带包裹了整个舰身,其中位于中心的主装甲带长66米、高4.6米、厚达229毫米,舰艏装甲带高3.7米、厚76毫米,舰艉装甲带高2.4米、厚38毫米。经过重点强化的指挥塔装甲厚346毫米。其全防护炮塔采用了非常好的防弹外形,炮塔侧面装甲厚254毫米,后面装甲厚度203毫米,炮塔基座装甲厚305毫米。除了主炮部分的装甲防护,"可畏"级两侧副炮也有152毫米的装甲炮郭。其甲板装甲厚度在25.4至76.2毫米之间。

"可畏"级安装了8座单头圆筒水管锅炉,2座立式三胀式蒸汽机,以两轴推进。水管锅炉赋予"可畏"级更高的功率和更好的燃煤经济性。与"卡诺珀斯"级相同,"可畏"级的两根烟囱也采用了前后纵向排列。以蒸汽机提供动力的"可畏"级输出功率达到了15500马力,最高航速超过18.2节,其速度比之前的"卡诺珀斯"级更快。为了使"可畏"级能够达到高航速,设计师重新设计了舰体外形,不过带来的不足是军舰在低速航行时的操控性并不理想。

1898年3月21日,"可畏"级的首舰"可畏"号战列舰在朴茨茅斯造船厂开工建造,

▲ 1905年时的"无阻"号战列舰前甲板,2门305毫米主炮炮管很粗。

▲ 1905年停泊在马耳他的"无阻"号战列舰,其舰艉主炮指向左舷,炮塔和炮管上都罩着炮衣。

▲ 两名"怨仇"号战列舰上的水兵顽皮地趴在前主炮的炮管上。

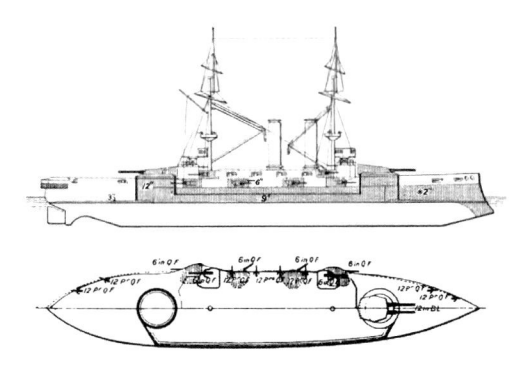

▲ "可畏"级的线图,其中包括有军舰的装甲防护和火炮的分布情况。

该级其他两艘分别在查塔姆造船厂和德文波特造船厂建造。所有的"可畏"级战列舰都在1898至1901年间下水并服役。服役之后的"可畏"级先后在英国海域、大西洋、地中海执行任务。当"无畏"号战列舰诞生宣告了前无畏舰时代的结束，"可畏"级却依然在皇家海军中服役并参加了第一次世界大战。在战争中，有两艘"可畏"级战列舰被击沉，只有"怨仇"号幸存至战后，其在1921年被出售拆解。

"可畏"级是在之前"尊严"级和"卡诺珀斯"级基础上的改良型，其体积比"尊严"级更大，速度比"卡诺珀斯"级更快。尽管火炮的口径和数量与"卡诺珀斯"相同，不过"可畏"级安装的305毫米主炮长径比从35倍提高到40倍，152毫米火炮的长径比从40倍提高到45倍，这使其火力有了显著的提高。在设计上，"可畏"级沿用了"卡诺珀斯"级战列舰上采用的水管锅炉和克虏伯装甲钢板，特别是克虏伯装甲钢板在更大范围上的安装进一步增强了军舰的防御能力。"可畏"级建成之后，在其基础上又进行了修改，于是诞生了之后的"伦敦"级战列舰。

"可畏"级战列舰一览表

舰名	译名	建造船厂	开工日期	下水日期	服役日期	命运
HMS Formidable	可畏	朴茨茅斯造船厂	1898.3.21	1898.11.17	1901.9	1915年1月1日被德国潜艇U-24号击沉
HMS Irresistible	无阻	查塔姆造船厂	1898.4.11	1898.12.15	1901.10	1915年3月18日，在达达尼尔海峡被水雷击沉
HMS Implacable	怨仇	德文波特造船厂	1898.7.13	1899.3.11	1901.9.10	1919年退役，1921年11月8日出售拆解

基本技术性能	
基本尺寸	舰长131.4米，舰宽22.9米，吃水7.9米
排水量	标准14500吨 / 满载15800吨
最大航速	18节
动力配置	8座燃煤锅炉，2座立式三胀式蒸汽机，15500马力
武器配置	4×305毫米火炮，12×152毫米火炮，16×76毫米火炮，6×47毫米火炮，4×450毫米鱼雷发射管
人员编制	780名官兵

"可畏"号（HMS Formidable）

"可畏"号由朴茨茅斯造船厂建造，该舰于1898年3月21日动工，1898年11月17日下水。1904年10月10日，完成海试的"可畏"号加入了地中海舰队。1904年至1905年4月，"可畏"号在马耳他接受维修。1908年4月，"可畏"号结束了在地中海舰队的服役，转入海峡舰队。1908年8月17日，"可畏"号在查塔姆造船厂转入储备。到1909年，储备中的"可畏"号在诺尔加入了本土舰队第1分舰队。5月29日，其进入大西洋舰队服役。1912年5月，"可畏"号在保留了基本船员后进入本土舰队第2分舰队的第5战列舰分舰队服役。在此期间，"可畏"号出现了严重的机械问题并进行了维修。

第一次世界大战爆发后，第5战列舰分舰队划归海峡舰队用于加强英吉利海峡的防御，舰队基地在波特兰。1914年8月开始，"可畏"号参与到对奔赴法国参战的英国远征军的护航行动中去。8月25日，其又参加了朴茨茅斯海军陆战营在比利时奥斯坦德的登陆作战，并提供了对岸的火力支援。

1914年11月14日，"可畏"号与其他第5战列舰分舰队的战列舰一起前往希尔内斯，在那里它们将预防可能发生的德国对英国的入侵。12月30日，第5战列舰分舰队被装备"邓肯"级战列舰的第6战列舰分舰队替代，包括"可畏"号在内的战列舰返回波特兰。

返回波特兰的第5战列舰分舰队由海峡舰队的海军中将刘易斯·贝利（Lewis Bayly）指挥，这些战列舰于1914年12月31日参加了在波特兰岛周边海域举行的射击训练。射击训练结束后的当天夜里，舰队留在海面上执行巡逻任务。尽管当时已经有报告称在附近发现了德国潜艇活动的迹象，但是这并没有引起皇家海军方面的重视。英国人的看法也有道理，当天海上的风浪很大，潜艇很难在这种海况条件下发

▲ 1989年时的"可畏"号，此时这艘军舰还停泊在朴茨茅斯造船厂中等待最终完工。

▲ "可畏"号舰长诺尔·洛士利（Noel Loxley）。

动攻击。"可畏"号当时正以10节的速度跟在舰队后方行驶，地点距离斯塔特角约37公里。

1915年1月1日2时20分，德国潜艇U-24号发射的一枚鱼雷命中了"可畏"号靠近锅炉舱的位置。尽管军舰受到重创并且大量进水，但是舰长诺尔·洛士利却乐观地认为"可畏"号可以坚持到抵达海岸线附近。2时40分，"可畏"号向右倾斜的角度已经达到了20度，洛士利最后不得不下令弃舰。茫茫黑夜和狂风大浪给人员的撤离工作带来很大的困难，很多救生艇刚刚入水就被大浪打翻。

3时05分，"可畏"号的右舷被第二枚鱼雷击中，军舰加速下沉。就在此时，赶来救援的友舰到达了现场，两艘轻巡洋舰冒险靠近"可畏"号的右舷并成功地解救了80名船员。4时45分，"可畏"号已随时都有倾覆的危险。几分钟后，这艘军舰在海面上挣扎了两个多小时后最终沉没。在弃舰疏散过程中，舰长洛士利和它的猎狐犬"布鲁斯"一直呆在舰桥上，直到沉没也没有离开一步。

在靠近斯塔特角的海面上，英国拖网渔船"远见"号在风浪中发现了一艘救生艇，并搭救了上面的71人。很快，"远见"号又发现了另外一艘救生艇及上面的70人。船长皮勒（W. Piller）从生还者那里得知"可畏"号沉没的消息后立即开始在海面上搜寻幸存者，在之后的20个小时中渔船又发现并救起了48人。在"可畏"号的沉没过程中，一共有35名军官和512名水兵丧生，其中就包括随舰同沉的洛士利舰长。后来，洛士利的猎狐犬"布鲁斯"的尸体在多塞特郡的海岸上被发现，人们将其安葬在当地的伯里花园中。

"可畏"号是第一次世界大战爆发后沉没的第三艘英国战列舰，同时也是在战争中第二艘遭到敌人攻击而沉没的英国战列舰。"可畏"号的沉没是一场灾难，全舰780人中只有224人生还，要不是拖网渔船"远见"号的奋力救援，死亡人数肯定会更多。

"无阻"号（HMS Irresistible）

"无阻"号由查塔姆造船厂建造，该舰于1898年4月11日动工，1898年12月15日下水。1902年2月4日，完成海试的"无阻"号加入了地中海舰队。当时舰上官兵共有870人，舰长是亨德森（G. M Henderson）。1902年5月底，"无阻"号离开朴茨茅斯，其通过直布罗陀海峡进入地中海，替代了炮舰"破坏"号。在地中海服役期间，"无阻"号遭遇了两起事故，其中一起发生在1902年3月3日，"无阻"号在大雾中与一艘挪威商船相撞，其侧面甲板发生变形，于是不得不前往马耳他进行维修，之后的1907年10月至1908年1月，"无阻"号又在马耳他接受了改进。

1908年4月，"无阻"号被调往海峡舰队服役，其在5月4日与一艘蒸汽帆船相撞，不过没有受到损伤。1909年，"无阻"号调入诺尔分舰队，后来在查塔姆造船厂接受维修。1911年2月28日，完成维修的"无阻"号在查塔姆重新服役并加入了本土舰队第3分舰队。1912年，其又被调往第5战列舰分舰队。

当第一次世界大战在1914年7月爆发后，8月25号，"无阻"号参加了朴茨茅斯海军陆战营在比利时奥斯坦德的登陆。10至11月，"无阻"号一直在多佛尔巡逻舰队中执行任务，它的任务包括对德军在比利时海岸的阵地进行炮击及支援友军在地面上的军事行

▲ 航行中的"无阻"号战列舰，其桅杆相当高大。

动。11月3日，"无阻"号被调往东海岸巡逻舰队，月末其又回到海峡舰队中。11月，第5战列舰分舰队前往希尔内斯，在那里它们将防备可能发生的德国对英国的入侵。12月30日，第5战列舰分舰队返回波特兰。

1915年1月1日，"无阻"号前往达达尼尔海峡为即将进行的达达尼尔海峡战役做准备，在3月之前，它一直是英国达达尼尔海峡舰队的旗舰。2月18至19日，"无阻"号开始对土军阵地进行炮击，之后又炮击了位于海峡入口处的土军要塞。在2月25日支援登陆作战的过程中，"无阻"号摧毁了土军的2门240毫米重炮。2月28日，战列舰"报复"号取代了"无阻"号的位置，成为达达尼尔海峡舰队的旗舰，"无阻"号退而成为第二旗舰。

1915年3月18日，进行炮击的"无阻"号进入一条宽度不足2公里的海峡，它在转弯时碰到了土军之前布设的水雷，此时的时间是16时16分。水雷在军舰的右舷爆炸并撕开了一个大洞，海水从裂口涌入，很快就淹没了动力舱并淹死了在那里工作的船员。强烈的爆炸造成了隔舱的破裂，海水很快淹没了包括锅炉舱在内的整个舰体中部，"无阻"号失去了动力并且开始向右倾斜。没法移动的"无阻"号无助地漂浮在海面上，由于其在土军火力范围内，很快就遭到了对方炮火的集中打击。在对方的炮火中，"无阻"号很快被火焰和浓烟笼罩，它的主炮此时已经无法转动。

除了舰长和少数志愿者继续留在军舰上，"无阻"号的其他船员都被驱逐舰"威尔"号（HMS Wear）转运到战列舰"伊丽莎白女王"号等战舰上。与此同时，战列舰"海

▲ 1915年3月18日被水雷击中后严重向右倾斜的"无阻"号,照片由一艘救援舰艇拍摄,此时这艘军舰已经被放弃了。

洋"号开始拖拽仍然在下沉的"无阻"号。18时05分,"海洋"号也被水雷击中,自身难保的它停止了对"无阻"号的救援,不过其最终也难逃沉没的厄运。为了避免军舰落入敌手,驱逐舰"杰德"号用鱼雷将"海洋"号和之前触雷搁浅的"无阻"号击沉,它的残骸残存至今。在整个沉没过程中,"无阻"号有150人丧生。

"怨仇"号(HMS Implacable)

"怨仇"号由德文波特造船厂建造,该舰于1898年7月13日动工,1899年3月11日下水。1901年9月10日,完成海试的"怨仇"号加入了地中海舰队。1901年10月8日,"怨仇"号离开朴茨茅斯抵达马耳他。在地中海服役期间,"怨仇"号在马耳他接受了多次维修。1905年7月12日,"怨仇"号上的一座锅炉发生了爆炸,2名船员丧命。1906年8月16日,另一座锅炉发生了爆炸,于是"怨仇"号在1908年返回英国的查塔姆造船厂进行大修。

1909年2月,结束了在查塔姆造船厂的维修,"怨仇"号加入了海峡舰队。1909年3月15日其又被调往大西洋舰队。随着1912年5月1日的舰队重组,"怨仇"号又成为本土舰队第5战列舰分舰队的一员。

第一次世界大战爆发后,"怨仇"号随第5战列舰分舰队一起作战。8月10至11月,"怨仇"号一直在多佛尔巡逻舰队中服役,其参加了对德军在比利时海岸的阵地进行炮击及支援友军在地面上的军事行动。11月,第5战列舰分舰队前往希尔内斯,在那里它们将防备德国对英国的入侵。12月30日,"怨仇"

号跟随第5战列舰分舰队返回波特兰。

1915年3月，"怨仇"号前往地中海参与达达尼尔海峡战役。3月13日，"怨仇"号离开英国，3月23日抵达希腊的利姆诺斯岛。4月25日，"怨仇"号在协约国军队在"X"海滩的登陆行动中担任火力支援任务。

1915年5月22日，"怨仇"号与战列舰"伦敦"号、"威尔士亲王"号及"女王"号一起离开达达尼尔海峡，它们组成新的亚得里亚海独立分舰队以支援意大利，因为就在前不久意大利对奥匈帝国宣战了。3月27日，"怨仇"号抵达了意大利港口城市塔兰托，在之后的近半年时间内，它将以这座港口城市为基地。

1915年11月，"怨仇"号调入第3独立分舰队，基地在希腊的萨洛尼卡。第3独立分舰队的任务是加强苏伊士运河的巡逻力量，同时协助法国海军封锁希腊和保加利亚的海岸。1916年3月22日，"怨仇"号离开埃及于4月9

▲ 1909年时的"怨仇"号，其刚刚接受了对火控系统和前后主桅的改造。

▲ "怨仇"号的舰艉，可以看出其烟囱涂上了暗色的油漆。

▲ 1902年，在马耳他附近海域航行中的"怨仇"号。

▲ 停泊中的"怨仇"号战列舰。

日抵达朴茨茅斯造船厂进行维修。当其维修完成后，"怨仇"号回到了地中海的第3独立分舰队中。1917年6月1日，停泊在希腊首都雅典的"怨仇"正好赶上了希腊国王康斯坦丁一世（King Constantine I of Greece）的退位。7月，"怨仇"号回到英国并在朴茨茅斯转为储备舰，其船员前往反潜部队服役，舰上的部分152毫米火炮也被拆卸。"怨仇"号一直闲置到1918年3月，后来被作为仓库船在勒威克、柯克沃尔和班克拉纳执行任务。

1918年11月，"怨仇"号出现在处理名单上，其在1919年退役。1920年2月4日，"怨仇"号出现在出售名单上，它在1921年11月8日被卖给了斯劳商贸公司，后来"怨仇"号又被卖给一家德国公司。1922年4月，这艘在大战中幸存的"可畏"级战列舰被拖往德国拆解。

▲ 正在进入塔兰托的"怨仇"号，1915年它曾经以这座港口城市为母港。

"伦敦"级（London class）

"可畏"级的3艘战列舰开工建造之后，设计师在其基础上对整体装甲布局进行了调整并降低了某些部分的装甲厚度。修改以后的战列舰在排水量上较之前的"可畏"级有所下降，因此被单独作为一个级别，这就是"伦敦"级。

"伦敦"级由威廉·亨利·怀特爵士主持设计，属于采用高干舷舰体的战列舰。"伦敦"级舰长131.4米，舰宽22.9米，吃水7.92米，标准排水量14400吨，满载排水量15700吨。

"伦敦"级的武器系统与"可畏"级相似，包括：4门305毫米Mk IX型主炮，这些火炮以2门为一组安装在前后两座位于中轴线的装甲炮塔内；12门152毫米Mk VII速射炮，每侧有6门，分上下层配置，与"可畏"级相同，2门火炮安装在舰体中部甲板以上的前后两侧，位于下面的4门火炮则在舰体装甲带上，其中的2门是安装在向外突出的炮郭中的；"伦敦"级上安装的76毫米火炮与"可畏"级一样多，共有16门，这些火炮分别安装在舰艏、舰体中部和舰艉上；"伦敦"级上的47毫米火炮数量减少至6门，都安装在桅盘上；除了火炮之外，"伦敦"级上有4具450毫米鱼雷发射管，这4具发射管都位于水线以下。

与"可畏"级一样，"伦敦"级也采用了质量上乘的克虏伯装甲钢板，只不过是某些部分的装甲厚度比前者要低。"伦敦"级位于舷侧的装甲带包裹了整个舰身，其中位于中心的主装甲带长66.5米、高4.8米、厚达229毫米，舰艏装甲带高3.7米、厚76.2毫米，舰艉装甲带高2.4米、厚38毫米。经过重点强化的指挥塔装甲厚346毫米，其全防护炮塔采用了非常好的防弹外形，炮塔侧面装甲厚254毫米，后面装甲厚203毫米，炮塔基座装甲厚305毫米。除了主炮部分的装甲防护，"伦敦"级两侧副炮也有152毫米的装甲炮郭，其甲板装甲厚度在25.4至64毫米之间。

"伦敦"级安装了8座单头圆筒水管锅炉，2座立式三胀式蒸汽机，以两轴推进。与"可畏"级相同，"伦敦"号的两根烟囱也采用了前后纵向排列。以蒸汽机提供动力的"伦敦"级输出功率达到了15500马力，最高航速超过18节，速度上与"可畏"级相同。相对于之前的战列舰，"伦敦"级拥有更好的续航能力，在10节航速时能够持续航行5500海里。

1898年12月8日，"伦敦"级的首舰"伦敦"号战列舰在朴茨茅斯造船厂开工建造，该级其他4艘分别在德文波特造船厂和查塔姆造船厂建造。所有的"伦敦"级战列舰都在1898至1904年间下水并服役。许多观点认为在"伦敦"级中还可以分出一个子级——"女王"级（Queen class），包括"女王"号和"威尔士亲王"号两艘战列舰。"女王"级在吸取了之前"卡诺珀斯"级和"可畏"级的成功经验后对305毫米主炮塔进行了修改，安装了威尔考克斯公司（Babcock & Wilcox）的圆筒形锅炉，使得排水量进一步下降，满载排水量约15400吨。在本书中，采用了将"女王"号和"威尔士亲王"号划归"伦敦"级的分级方法。

服役之后的"伦敦"级先后在英国海域、大西洋、地中海执行任务。当"无畏"号战列舰的诞生宣告了前无畏舰时代的结束后，"伦敦"级却依然在皇家海军中服役并参加了第一次世界大战。在战争中，仅有"堡垒"号因为一场意外爆炸沉没，其他4艘战列舰则幸存至战后，最后在1920年被出售拆解。

无论从哪个方面看，"伦敦"级都是"可畏"级的延续，两者在结构设计上的差别很细微。尽管之后的"邓肯"级战列舰也是由威廉·亨利·怀特爵士主持设计的，但是由于"伦敦"级中的"女王"号和"威尔士亲王"号的建造和服役时间都要比"邓肯"级晚（这也是单独建立"女王"级的一个重要原因），因此"伦敦"级成为怀特爵士设计的最后一级战列舰，成为了这位杰出设计师的收官之作。"伦敦"级的最后一艘"威尔士亲王"号是1894至1904年间建造的29艘前无畏舰中的最后一艘，尽管在其之后还有新的前无畏舰建成，但是它们很快就将迎来一场战列舰史上的大革命。

▲ 1909年时的"威尔士亲王"号，可以看到前主炮和指挥塔，在指挥塔正面还有该舰的舰徽。

"伦敦"级战列舰一览表

舰名	译名	建造船厂	开工日期	下水日期	服役日期	命运
HMS London	伦敦	朴茨茅斯造船厂	1898.12.8	1899.9.21	1902.6	1919年1月退役，1920年6月4日出售拆解
HMS Bulwark	堡垒	德文波特造船厂	1899.3.20	1899.10.18	1902.3	1914年11月26日因意外爆炸而沉没
HMS Venerable	庄严	查塔姆造船厂	1899.1.2	1899.11.2	1902.11.12.	1918年12月退役，1920年6月4日出售拆解
HMS Queen	女王	德文波特造船厂	1901.3.12	1902.3.8	1904.4.7	1919年11月退役，1920年9月4日出售拆解
HMS Prince of Wales	威尔士亲王	查塔姆造船厂	1901.3.20	1902.3.25	1904.3.18	1919年11月10日退役，1920年4.12日出售拆解

基本技术性能	
基本尺寸	舰长131.4米，舰宽22.9米，吃水7.92米
排水量	标准14400吨 / 满载15700吨
最大航速	18节
动力配置	8座燃煤锅炉，2座立式三胀式蒸汽机，15500马力
武器配置	4×305毫米火炮，12×152毫米火炮，16×76毫米火炮，6×47毫米火炮，4×450毫米鱼雷发射管
人员编制	714名官兵

"伦敦"号（HMS London）

"伦敦"号由朴茨茅斯造船厂建造，该舰于1898年12月8日动工，1899年9月21日下水，造价110万英镑。1902年6月，完成海试的"伦敦"号开始在皇家海军中服役，6月7日加入地中海舰队。在离开英国之前的1902年8月16日，"伦敦"号作为旗舰参加了在斯皮特黑德举行的英王爱德华七世的加冕典礼。之后，"伦敦"号前往地中海，在1902至1903年和1906年两次进入马耳他进行维修。

1907年3月，"伦敦"号加入在诺尔的本土舰队诺尔分舰队，1908年又加入了海峡舰队并成为旗舰。同年，"伦敦"号进入查塔姆造船厂接受维修改造，1909年它又在这里接受广泛的改造。当改造完成后，"伦敦"号于1910年2月8日加入大西洋舰队并成为第二旗舰。1912年皇家海军舰队重组，"伦敦"号在保留了基本船员后成为本土舰队第3战列舰分舰队的一员。1912年5月11日，"伦敦"号与商船"德奔奈"号（SS Don Benite）相撞。1912至1913年，"伦敦"号进入第5战列舰分舰队，这期间其进行了多次在海上起飞飞机的实验。为了实验，工程技术人员在"伦敦"号和战列舰"爱丁堡"号的前甲板上建造了一个斜坡。1912年5月，飞行员查尔斯·拉姆尼·萨姆森（Charles Rumney Samson）驾驶一架肖特S.27双翼飞机从"爱丁堡"号起飞，他成为第一个驾驶飞机从航行中的军舰上起飞的人。6月4日，萨姆森再次驾驶飞机从"伦敦"号上起飞。

当第一次世界大战于1914年7月爆发时，第5战列舰分舰队正停泊在波特兰，当时其隶属于海峡舰队，它们的第一个任务就是护送英国远征军通过英吉利海峡前往法国参战。在战争爆发的第一个月，海军方面开始在战列舰上实验新型的表层涂料，但是最后还是保留了经典的灰色。

▲ "伦敦"号战列舰的舰艉，可以看到其舰体、烟囱和桅杆采用了深色涂装，炮塔和上层建筑采用了浅色涂装。

▲ 1905年抵达马耳他的"伦敦"号战列舰。

▲ 经过改造，加高舰体护围，涂着斑马条纹一般迷彩的"伦敦"号战列舰。

1914年9月22日，3艘英国装甲巡洋舰被德国潜艇击沉，为了补充空缺，"伦敦"号等3艘属于第5战列舰分舰队的战舰计划进行补充，但因遭到了舰队指挥官的坚决反对而没有成行。11月14日，"伦敦"号随第5战列舰分舰队一起前往希尔内斯，在那里防备德国可能发动的进攻。当"堡垒"号发生爆炸而沉没后，"伦敦"号的船员加入到了搜索和救援工作之中。关于"堡垒"号爆炸的调查和询问工作就是在"伦敦"号上进行的。

1915年3月19日，"伦敦"号前往地中海参加达达尼尔海峡战役，它加入了正在利姆诺斯岛的达达尼尔海峡舰队。1915年4月25日，"伦敦"号便开始在登陆作战中发挥作用。随着意大利对奥匈帝国宣战，"伦敦"号和战列舰"怨仇"号、"女王"号、"威尔士亲王"号一起组成第2独立分舰队前往亚得里亚海支援意大利海军，它们的基地是意大利港口城市塔兰托。1916年10月，"伦敦"号返回英国，其在德文波特港转入储备舰并且将船员派往反潜部队。1916至1917年间，"伦敦"号接受了改造。

1918年2月，"伦敦"号前往罗塞斯并成为一艘布雷舰。为了布雷的需要，"伦敦"号拆除了4门305毫米主炮、主装甲带上的152毫米炮及舰体两侧的防鱼雷网，留出的空间搭载了240枚水雷。为了掩饰自己的真正身份，"伦敦"号上加高了护围并搭起了帆布棚子以遮盖改变的舰体结构。对"伦敦"号的改造在1918年4月完成。5月18日，"伦敦"号在罗塞斯加入海峡舰队的第1布雷中队。在第一次世界大战结束之前，"伦敦"号在北方海域一共布设了2640枚水雷。

1919年1月，"伦敦"号在德文波特转入储备并成为一艘母舰，在战后的舰队重组中，其被分配到第3舰队中。1920年，在德文波特的"伦敦"号出现在处理名单上，3月31号它的名字又出现在出售名单中。史丹利拆船公司（Stanlee Shipbreaking Company）最终买下了"伦敦"号，后来它又辗转被卖给了一家德国公司。1922年4月，"伦敦"号最终被拖往德国拆解。

"堡垒"号（HMS Bulwark）

"堡垒"号由德文波特造船厂建造，该舰于1899年3月20日动工，1899年10月18日下水，造价106万英镑。由于花费了很长一段时间来安装火控系统，"堡垒"号直到1902年3月才服役，其第一任舰长是弗雷德里克·汉密尔顿（Frederick Hamilton）。3月18日，"堡垒"号加入地中海舰队。"堡垒"号于1902年5月1日代替了战列舰"声望"号成为地中海舰队的旗舰。1905至1906年，"堡垒"号在马耳他接受维修，其于1907年2月结束了在地中海

▲停泊中的"堡垒"号战列舰，可以看到部分身穿白色制服的船员正在前甲板上

的服役返回英国。10月26日,"堡垒"号在莱蒙灯塔附近触礁,于是前往查塔姆造船厂进行维修。

1908年,在南极探险中声名鹊起的罗伯特·富尔肯·斯科特成为"堡垒"号的舰长,10月3日,"堡垒"号加入海峡舰队,重组之后其成为本土舰队第2分舰队的一员。1909年末,"堡垒"号再次进行维修。1910年3月1日,"堡垒"号在德文波特加入本土舰队的第3和第4分舰队,并且成为旗舰。1911年,"堡垒"号开始在查塔姆造船厂接受改造,在第二年5月进行的改造试航中,其两次触礁,使得舰底严重受损。就这样,直到1912年6月,"堡垒"号才结束了维修并加入了第5战列舰分舰队。

第一次世界大战爆发后,"堡垒"号随

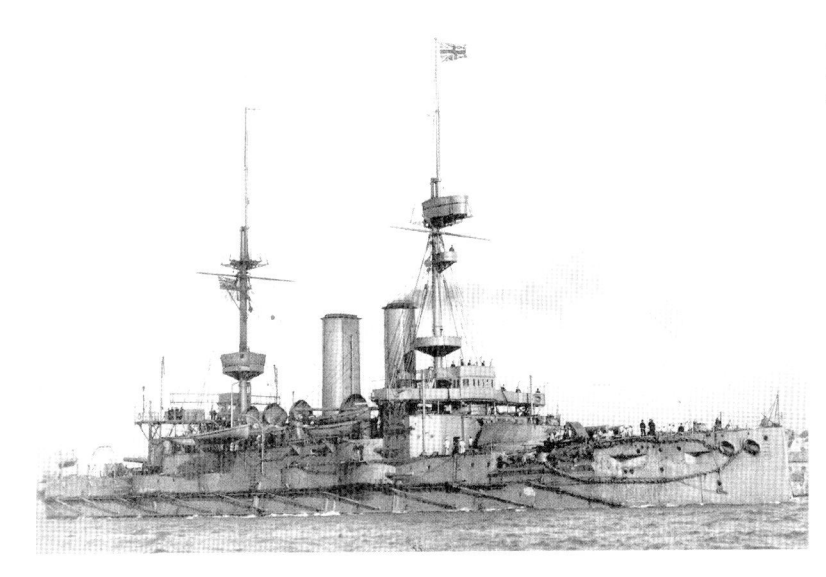

◀ 在港口外航行的"堡垒"号战列舰,其主桅上高高地悬挂着英国国旗。

◀ 停泊在伦敦附近的"堡垒"号战列舰,其舰艉搭起了凉棚。

1902年初刚刚服役时的"堡垒"号战列舰。

1914年时的"堡垒"号战列舰,舰艉桅杆上飘扬着一面英国皇家海军军旗。

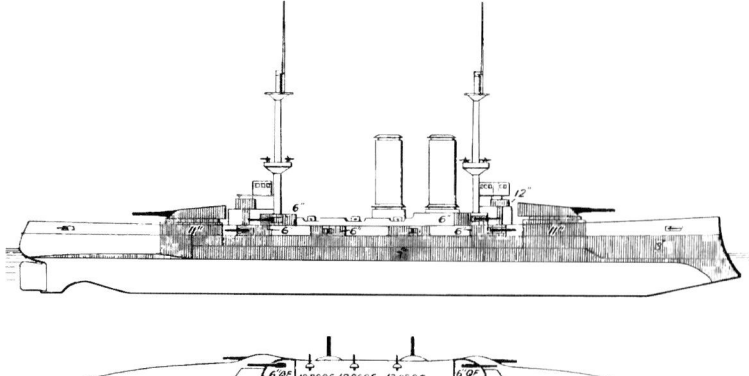

"堡垒"号线图,可以看到该舰的火炮和装甲布局。

第5战列舰分舰队进驻波特兰，并多次参加了巡逻任务。1914年11月5至9日，在"堡垒"号上临时设立了一个军事法庭，对海军少将厄内斯特·查尔斯·托马斯·特鲁布里奇（Ernest Charles Thomas Troubridge）在地中海追击德国战列巡洋舰"戈本"号和轻巡洋舰"布雷斯劳"号（SMS Breslau）时的指挥失误进行调查。

1914年11月14日，"堡垒"号随第5战列舰分舰队一起前往希尔内斯，在那里防备德国可能发动的进攻。26日早晨，随着一声巨响，停泊在希尔内斯外海的"堡垒"号发生剧烈爆炸并迅速沉没。"堡垒"号上的750人中只有14人幸免于难，其中两个人因为伤势过重后来在医院中死去，剩下的人大多也身负重伤。事件发生后，皇家海军方面立即组成了调查组对事故进行调查。根据事后的取证和调查显示，在26日早晨，"堡垒"号上炮手违规操作，舷侧的275枚152毫米炮弹被堆在了一起。这些靠近锅炉舱壁的炮弹中的无烟火药因为过热而爆炸，后来舰上的弹药库也发生了爆炸，进而导致了这场灾难。

"堡垒"号的意外爆炸和沉没是皇家海军历史上位列第二的严重事故，爆炸中有超过730人遇难。1921年，皇家海军在希尔内斯港的教堂旁建立了一座纪念碑以纪念在这场灾难中逝去的年轻生命，所有遇难者的名字都被刻在了纪念碑基座上。

"庄严"号（HMS Venerable）

"庄严"号由查塔姆造船厂建造，该舰于1899年1月2日动工，1899年11月21日下水，造价115万英镑。由于机械制造商的延期交货，直到1902年11月12日才进入皇家海军服役。"庄严"号在服役后加入地中海舰队，并且成为第二旗舰。在地中海服役期间，"庄严"号在阿尔及利亚近海搁浅，舰体受到轻微损伤，其于1906至1907年进入造船厂维修。1907年8月12日，"庄严"号代替"威尔士亲王"号成为地中海舰队旗舰。1908年1月7日，"庄严"号结束了在地中海舰队的服役，返回查塔姆造船厂。

"庄严"号返回英国之后便开始在海峡舰队中服役，1909年2月，其在查塔姆造船厂接受维修。当维修完成后，"庄严"号在1909年10月19日加入大西洋舰队服役。1912年5月13日，其又转入本土舰队的第5战列舰分舰队，当时舰上仅保留了基础船员。

当第一次世界大战爆发后的8月25号，"庄严"号参加了朴茨茅斯海军陆战营在比利时奥斯坦德的登陆。10月，"庄严"号一直在多佛尔巡逻舰队中执行任务。10月27至29日，"庄严"号对德军在比利时海岸的阵地进行炮击及支援友军在地面上的军事行动。11月3日，当德国舰队炮轰了英格兰最东端福克

▲ 航行中的"庄严"号战列舰，可以看到其位于侧舷的152毫米炮管。

航行中的"庄严"号战列舰,其舰艉甲板上搭着凉棚。

郡的雅茅斯港后，"庄严"号被派去增援，不过等它到达时，德国军舰已经离开了。

11月4日，第5战列舰分舰队前往希尔内斯，在那里它们将防备可能发生的德国对英国的入侵。12月30日，第5战列舰分舰队返回波特兰。1915年3月11日和5月10日，"庄严"号曾两次炮击了德军在比利时韦斯滕德附近的阵地。

1915年3月12日，"庄严"号接到命令前往达达尼尔海峡以替代"伊丽莎白女王"号战列舰。8月14至21日，"庄严"号参加了协约国部队在苏佛拉湾的进攻行动。10月，"庄

▲ 1902年，刚刚服役时的"庄严"号战列舰。

▲ "庄严"号战列舰舰艉，可以看到舰艉甲板上的主炮、人员和物资，在舰艉阳台的桅杆上有该舰的舰名。

◀ 航行中的"庄严"号战列舰，其前后主桅非常高。

严"号前往直布罗陀进行维修,之后的12月,其加入亚得里亚海舰队以支援意大利海军。

1916年12月19日,"庄严"号返回朴茨茅斯港。到1918年2至3月,其被作为一艘布雷舰母舰前往波特兰。8月,"庄严"号参加了在波特兰以北海域的巡逻,之后它又参加了在北海南部的巡逻,直到战争结束。

1918年12月,"庄严"号前往波特兰进行维修和保养,其于1919年5月出现在处理名单上。1920年2月4日,"庄严"号的名字出现在出售名单上,它被史丹利拆船公司在6月4日购得,后来又辗转被卖给了一家德国公司。1922年,"庄严"号最终被拖往德国拆解。

▲ 吐着黑烟慢慢进港的"庄严"号战列舰,可以看到不远处有几艘停泊中的战列舰。

▲ 在海面上前进的"庄严"号战列舰,可以看到位于主装甲带上的152毫米副炮。

"女王"号（HMS Queen）

"女王"号由德文波特造船厂建造，该舰于1901年3月12日动工，1902年3月8日下水。1904年4月7日，"女王"号加入皇家海军地中海舰队服役。1906年4月，"女王"号返回英国并成为一艘储备舰，其于5月8日返回地中海。经过在马耳他的维修后，"女王"号在1907年3月20日成为地中海舰队的旗舰。1908年12月14日，结束了在地中海舰队的第二次服役之后，"女王"号返回英国。

1908年12月15日，"女王"号加入大西洋舰队。1909年2月1日，"女王"号在多佛尔附近与希腊商船"达夫尼"号（SS Dafni）相

▲ 1906年5月7日，停泊在朴茨茅斯港外的"女王"号战列舰。

▲ 1914年在朴茨茅斯港内航行的"女王"号战列舰，不远处停泊着一艘装甲巡洋舰。

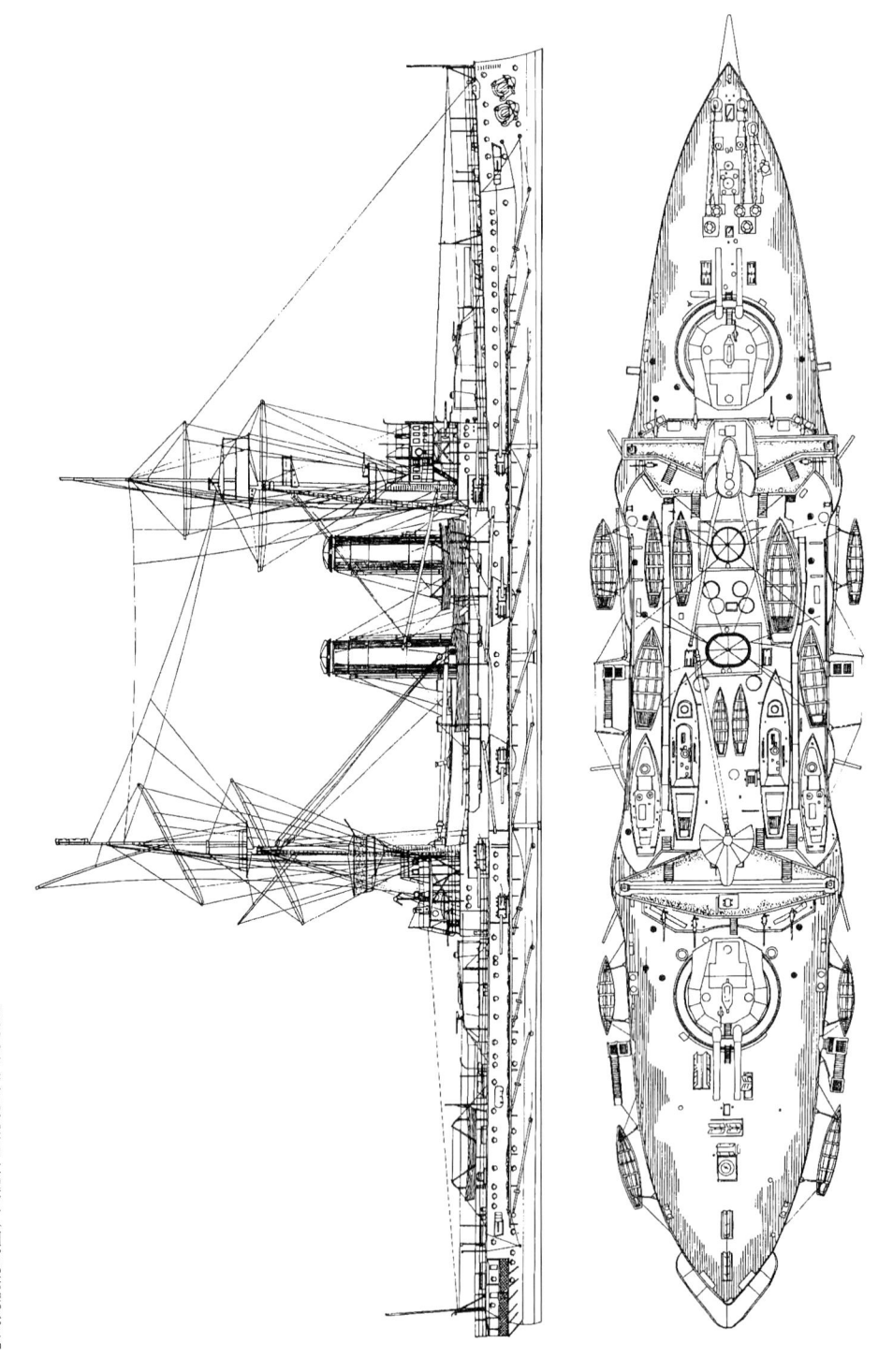

"女王"号战列舰的线图,其桅杆上的缆线非常复杂。

"女王"号战列舰,可以看到其305毫米的前主炮和舷侧的152毫米火炮。

停泊在码头上的"女王"号战列舰,其引起了人们的围观。

撞。尽管没有受损,但是其还是于1910至1911年在德文波特港接受维修。1912年5月15日,"女王"号进入第1舰队的第3战列舰分舰队服役。1914年4月,"女王"号成为第5战列舰分舰队的第二旗舰,并在朴茨茅斯作为射击训练舰服役。

第一次世界大战爆发后,"女王"号仍在第5战列舰分舰队服役,10月27至29日,"女王"号与姐妹舰"庄严"号一起对德军在比利时海岸的阵地进行炮击及支援友军在地面上的军事行动。11月3日,当德国舰队炮轰了英格兰最东端福克郡的雅茅斯港时,"女王"号被派去增援，不过等它到达时，德国军舰已经离开了。11月4日，第5战列舰分舰队前往希尔内斯，在那里它们将防备可能发生的德国对英国的入侵。12月30日，"女王"号跟随第5战列舰分舰队返回波特兰。

1915年3月23日，"女王"号前往地中海参加达达尼尔海峡战役，它加入了正在利姆诺斯岛的达达尼尔海峡舰队的第2中队，并成为旗舰。1915年4月25日，"女王"号在登陆作战中发挥作用。随着意大利对奥匈帝国宣战，"女王"号和战列舰"怨仇"号、"伦敦"号、"威尔士亲王"号一起组成第2独立分舰队前往亚得里亚海支援意大利海军，它们的基地是意大利港口城市塔兰托。1916年12月至1917年1月，"女王"号接受改造成为一艘补给船并参与了在奥特朗托海峡的反潜巡逻任务。在此期间，"女王"号的部分船员返回英国，舰上的火炮被拆卸以用于其他用途。"女王"号上的大部分152毫米炮在1917年4月被拆卸，所有的305毫米主炮在10月被拆卸。"女王"号上的火炮被移交给意大利陆军以加强他们的炮兵火力。尽管只剩下没有火炮的炮塔，但是"女王"号依然是舰队的旗舰。

1919年4月，"女王"号离开塔兰托返回英国，其在5月出现在处理名单上。由于"女王"号在彭布罗克成为一艘宿舍船，它的名字暂时从名单中被删除。到1920年3月，"女王"号出现在出售名单上。9月4日，"女王"号被售出，11月其首先抵达博肯黑德进行减重处理，然后被拖往普雷斯顿进行拆解。

"威尔士亲王"号（HMS Prince of Wales）

"威尔士亲王"号由查塔姆造船厂建造，该舰于1901年3月20日动工，1902年3月25日下水。1904年5月18日，"威尔士亲王"号加入皇家海军地中海舰队服役。1905年7月29日，"威尔士亲王"号在地中海与商船"恩迪文"号（SS Enidiven）相撞，不过没有造成损坏。1906年4月，高速航行中的"威尔士亲王"号战列舰体内发生了爆炸，爆炸造成了3人死亡、4人受伤。5月28日，"威尔士亲王"号结束了其在地中海的第一次服役，回到英国朴茨茅斯接受维修。

1906年9月8日，"威尔士亲王"号再次加入地中海舰队，其在1907年8月成为舰队的第二旗舰，1908年进入马耳他进行维修。1909年2月，"威尔士亲王"号进入大西洋舰队服役，并在1911年前往直布罗陀进行维修。1912年5月13日，"威尔士亲王"号加入本土舰队的第3战列舰分舰队，后来其又加入了第5战列舰分舰队。在1913年6月2日的演习中，"威尔士亲王"号与C32号潜艇相撞，但是自身没有受到损失。

第一次世界大战爆发后，作为第5战列舰分舰队的一员，"威尔士亲王"号在英吉利海峡巡逻。1914年8月25日，其参加了支援朴茨茅斯海军陆战营在比利时的奥斯坦德登陆的作战。11月14日，第5战列舰分舰队前往希尔内斯防御德国人可能的进攻，后来舰队在12月30日返回德文波特。

1915年3月19日，"威尔士亲王"号奉命前往达达尼尔海峡参战，它于3月20日离开德文波特并于29日抵达地中海并加入达达尼尔海峡舰队。4月25日，"威尔士亲王"号支援

第三章 前无畏舰时代（下） /139

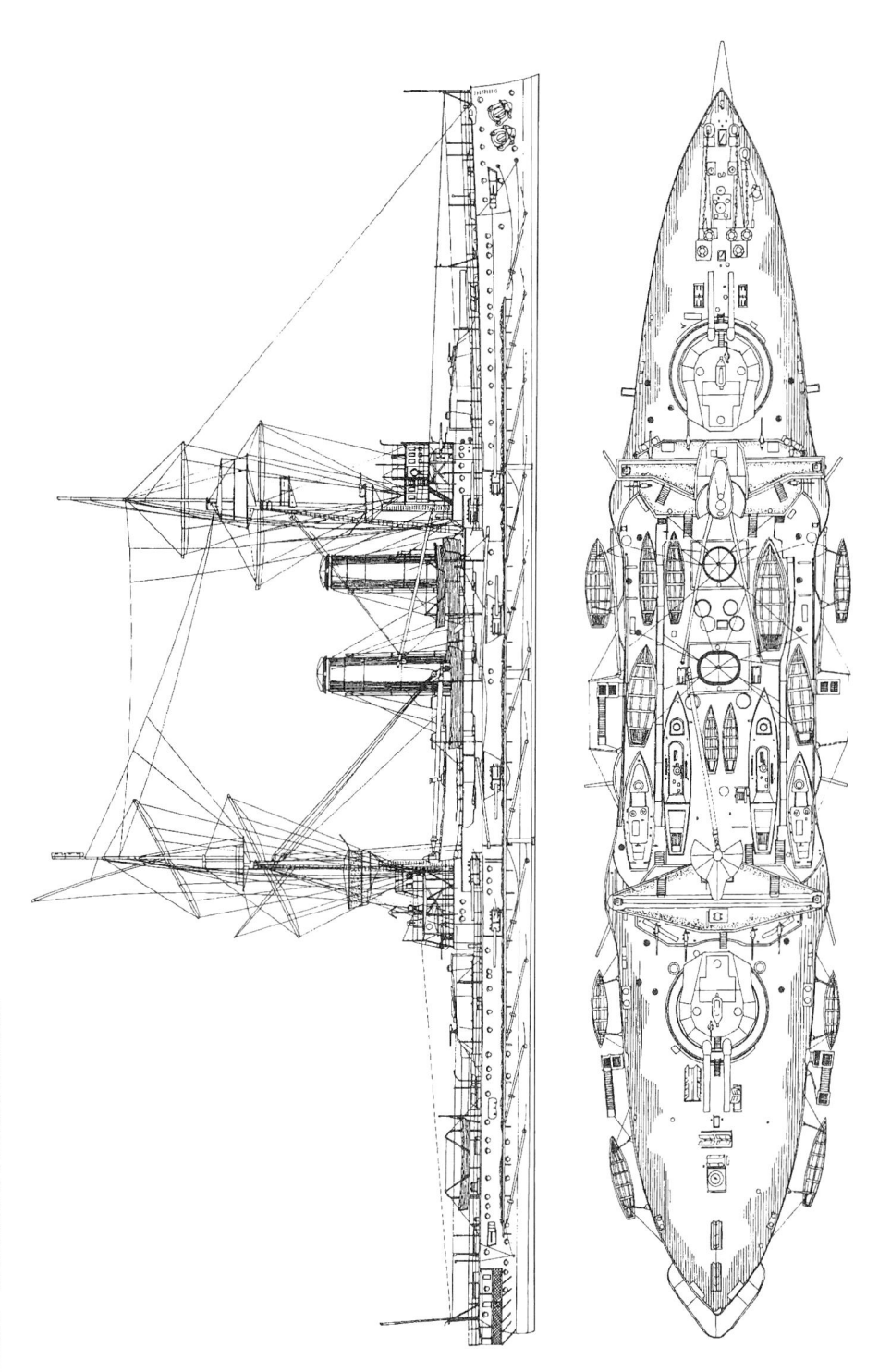

"威尔士亲王"号战列舰线图，其两根烟囱比较靠前。

了澳大利亚第3旅在澳新军团湾的登陆。随着意大利对奥匈帝国宣战,"威尔士亲王"号和战列舰"怨仇"号、"女王"号、"伦敦"号一起组成第2独立分舰队前往亚得里亚海支援意大利海军,时间是5月22日。在意大利期间,"威尔士亲王"号一直以意大利港口塔兰托为基地。1916年3月,"威尔士亲王"号成为独立分舰队的旗舰。6月,"威尔士亲王"号不再担任旗舰,因为它要前往直布罗陀进行维修。

1917年2月,"威尔士亲王"号奉命返回英国。在返航途中,"威尔士亲王"号先后经过马耳他、直布罗陀,其最终于1917年3月10日到达朴茨茅斯港。返回英国后,"威尔士亲王"号一直被作为一艘宿舍船使用。

1919年11月10日,"威尔士亲王"号的名字出现在处理名单上。1920年4月12日,沃德公司(T. W. Ward & Company)将"威尔士亲王"号买下,它在6月抵达米尔福德港并被拆解。

▲ 停泊在码头旁的"威尔士亲王"号战列舰,其只放下了一个主锚。

◀ 1912年的"威尔士亲王"号战列舰,注意其前主桅上的感测平台。

▲ "威尔士亲王"号战列舰的舰艉，舰艉阳台栏杆上有该舰的舰名和舰徽。

▲ 在海面上缓缓前行的"威尔士亲王"号战列舰，不远处停泊着几艘轻型舰艇。

▲ 1909年，停泊在多佛尔港的"威尔士亲王"号战列舰。

▲ 在米尔福德港外海滩上搁浅并准备被拆解的"威尔士亲王"号。

"邓肯"级（Duncan class）

19世纪末，英国皇家海军一直保持着同时对世界第二和第三海军强国的优势，这就是著名的"双强标准"。作为世界第二海军强国的法国和第三海军强国的俄国并不甘心在海上受制于英国，两国都开始研制航速更快的战列舰和装甲巡洋舰。获悉法俄两国的造舰计划之后，皇家海军要求建造一种速度更快的战列舰。为了缩短研制周期，设计师决定在之前"可畏"级的基础上进行改良，新型战列舰以较少排水量和加大发动机功率的办法提高航速，于是诞生了"邓肯"级。

"邓肯"级由威廉·亨利·怀特爵士主持设计，舰长132米，舰宽23米，吃水7.85米，标准排水量13270吨，满载排水量14900吨。

在武器系统上，"邓肯"级与前身"可畏"级相似，包括：4门305毫米Mk IX型主炮，这些火炮以2门为一组安装在前后两座位于中轴线的装甲炮塔内；12门152毫米Mk VII速射炮，每侧有6门，分上下层配置，与"可畏"级相同，2门火炮安装在舰体中部甲板以上的前后两侧，位于下面的4门火炮则在舰体装甲带上，其中的2门是安装在向外突出的炮郭中的；"邓肯"级上安装的76毫米火炮数量减少，共有10门，这些火炮分别安装在舰艏、舰体中部和舰艉上；"邓肯"级上的47毫米火炮数量减少至4门，都安装在桅盘上；除了火炮之外，"邓肯"级上有4具450毫米鱼雷发射管，这4具发射管都位于水线以下。

在装甲布局上，"邓肯"级与"伦敦"级相似，其采用了质量上乘的克虏伯装甲钢板，不过某些部分的装甲厚度减少。"邓肯"级位于舷侧的装甲带包裹了整个舰身，其中位于中心的主装甲带长66.5米、高4.8米、厚达178毫米，舰艏装甲带高3.7米、厚76.2毫米，舰艉装甲带高2.4米、厚38毫米。经过重点强化的指挥塔装甲厚305毫米。其全防护炮塔采用了

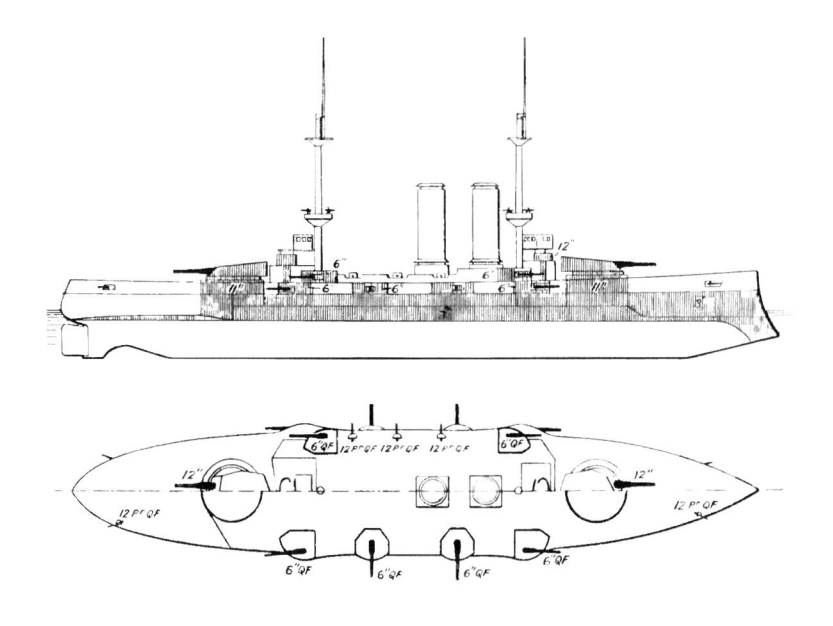

▲ "邓肯"级战列舰舰体上的装甲和火炮分布示意图。

▲ 1909年，正在马耳他港安装305毫米主炮的"邓肯"号战列舰。

▲ "邓肯"级战列舰的舰艉，桅杆上飘扬着皇家海军军旗。

非常好的防弹外形，炮塔正面和侧面装甲厚254毫米，后面装甲厚度203毫米，炮塔基座装甲厚102至279毫米。除了主炮部分的装甲防护，"邓肯"级两侧副炮也有152毫米的装甲炮郭，其甲板厚度在25.4至51毫米之间。从总体装甲布局看，"邓肯"级的多处装甲厚度都明显降低，其节省出来的上千吨重量则是为了提高航速。

"邓肯"级安装了24座贝尔维尔水管锅炉，4座立式三胀式蒸汽机，以两轴推进。与"可畏"级相同，"邓肯"号的两根烟囱也采用了前后纵向排列。锅炉和蒸汽机数量的增加大大提高了"邓肯"级输出功率，其输出功率达到了18500马力，最高航速超过19节。"邓肯"级不仅动力强、速度快，而且具有极高的续航能力，在10节航速时能够持续航行7000海里。

1899年3月11日，"邓肯"级的首舰"罗

▲ 对公众开放的"邓肯"级战列舰,其前甲板上不但有船员还有绅士、女士和孩子。

▲ 1903年,停泊在海面上的英国战列舰舰队,最近的一艘是"阿尔柏马尔"号战列舰。

素"号战列舰在帕尔默造船厂开工建造,该级其他5艘分别在泰晤士钢铁及造船公司、莱尔德造船厂、德文波特造船厂和查塔姆造船厂建造。所有的"邓肯"级战列舰都在1899至1904年间下水并服役。服役之后,"邓肯"级在本土舰队、海峡舰队、大西洋舰队、地中海舰队等服役。1906年,"蒙塔古"号因为意外而搁浅报废。第一次世界大战爆发后,剩下的5艘"邓肯"级战列舰全部参战,在大舰队和海峡舰队中服役。当"阿尔柏马尔"号前往俄罗斯北部,其他的"邓肯"级战舰则前往地中海参加达达尼尔海峡战役。"邓肯"级后来又在大西洋、亚得里亚海、爱琴海和印度洋作战,这期间"罗素"号和"康沃利斯"号在马耳他附近沉没。一战结束后,剩下的3艘"邓肯"级战列舰在1919至1920年间退役拆解。

为了追求高航速,"邓肯"级降低了装甲防护、减少了火炮、提高了动力输出并且重新设计了船体,这使得该级战列舰在保持高航速的基础上还具有不错的转弯能力和操控性。最高航速达到19节的"邓肯"级成为英国皇家海军在前无畏舰时代航速最高的战列舰,而高航程也使其具有更强的远洋作战能力。当"邓肯"级开始服役之后,法国和俄国并没有装备英国人预想的高速战列舰。尽管外形与"可畏"级相同,但是"邓肯"级安装了更为强大的动力系统,这也是其高速能力的基础。装甲防御稍有降低并没有影响"邓肯"级整体性能的发挥,其在速度、火力和防御上达到了很好的平衡。从研发时间上看,"邓肯"级早于"伦敦"级战列舰,但是第一艘"伦敦"级战列舰却早于"邓肯"级4个月开工,因此从服役时间和发展顺序上看,"邓肯"级要晚于"伦敦"级。作为回应法俄两国高速战列舰的产物,"邓肯"级并没有迎来其假想敌,但是它们的服役进一步加强了皇家海军的实力。

"邓肯"级战列舰一览表

舰名	译名	建造船厂	开工日期	下水日期	服役日期	命运
HMS Duncan	邓肯	泰晤士钢铁及造船公司	1899.7.10	1901.3.21	1903.10.8.	1919年3月退役,1920年2月18日出售拆解
HMS Russell	罗素	帕尔默造船厂	1899.3.11	1901.2.19	1903.2.19	1916年4月27日在马耳他附近被水雷炸沉
HMS Cornwallis	康沃利斯	查塔姆造船厂	1899.7.19	1901.7.17	1904.2.9	1917年1月9日被德国海军U-32号潜艇击沉
HMS Exmouth	埃克斯茅斯	莱尔德造船厂	1899.8.10	1901.8.31	1903.6.2	1919年4月退役,1920年1月15日出售拆解
HMS Montagu	蒙塔古	德文波特造船厂	1899.11.23	1901.5.31	1903.7.28	1906年5月30日因意外在兰迪岛附近沉没
HMS Albemarle	阿尔柏马尔	查塔姆造船厂	1900.1.1	1901.3.5	1903.11.126	1919年4月退役,1919年11月19日出售拆解

基本技术性能	
基本尺寸	舰长132米,舰宽23米,吃水7.85米
排水量	标准13270吨 / 满载14900吨
最大航速	19节
动力配置	24座燃煤锅炉,4座立式三胀式蒸汽机,18500马力
武器配置	4×305毫米火炮,12×152毫米火炮,10×76毫米火炮,4×47毫米火炮,4×450毫米鱼雷发射管
人员编制	720名官兵

"邓肯"号（HMS Duncan）

"邓肯"号由泰晤士钢铁及造船公司建造，该舰于1899年7月10日动工，1901年3月21日下水，造价108万英镑。1903年10月8日，完成海试的"邓肯"号加入地中海舰队。1905年2月，"邓肯"号转入海峡舰队服役，其在勒威克附近与战列舰"阿尔比恩"号相撞。在撞击中，"邓肯"号受损严重，水线之下被撞出了一个大洞，船舵受损，舰艉阳台被撞掉。1906年7月23日，"邓肯"号再次遇到意外，其在营救姐妹舰"蒙塔古"号时搁浅了。

1907年2月，"邓肯"号开始在大西洋舰队中服役，1907年11月至1908年2月，其在直布罗陀接受维修。1908年12月1日，"邓肯"号回到地中海舰队并成为舰队的第二旗舰。1909年，"邓肯"号前往马耳他接受改造。1912年5月1日，皇家海军舰队对舰队进行重组，地中海舰队中的部分舰只成为本土舰队的第4战列舰分舰队，基地从马耳他移到了直布罗陀。"邓肯"号也成为了第4战列舰分舰队的一员。1913年5月27日，"邓肯"号成为第2舰队第6战列舰分舰队的一员，并在此期间成为一艘射击训练舰。1914年5月，"邓肯"号进入查塔姆造船厂进行维修改造。

当第一次世界大战爆发时，"邓肯"号的维修工作还没有结束。随着战争的爆发，"邓肯"号与战列舰"阿伽门农"号、"阿尔柏马尔"号、"康沃利斯"号、"埃克斯茅斯"号、"罗素"号和"报仇"号一起组成了第6战列舰分舰队，该战列舰分舰队隶属于海峡舰队，它们的任务是保卫英国海岸线并且护送英国远征军。皇家海军计划将第6战列舰分舰队归入大舰队中，当时大舰队指挥官海军上将约翰·杰利科要求将"邓肯"号和其他4艘姐妹舰编入大舰队的第3战列舰分舰队，以弥补大舰队巡洋舰数量有限无法有效进行巡逻的不足。根据杰利科的要求，第6战列舰分舰队被暂时被解散，"邓肯"号在斯卡帕湾加入了大舰队的第3战列舰分舰队然后作为巡洋舰的替代舰执行在北方的巡逻任务。

1914年11月2日，"邓肯"号和4艘姐妹舰以及"英王爱德华七世"级战列舰暂时被加强给海峡舰队以应对德国舰队在英吉利海峡越加频繁的活动。11月13日，"英王爱德华七世"级战列舰都被调回大舰队，"邓肯"号和它的姐妹舰则继续留在海峡舰队中。11月14日，以"邓肯"级战列舰为基础，皇家海军重

▲ 英国海军上将约翰·杰利科，他是日德兰海战中皇家海军的最高指挥官。

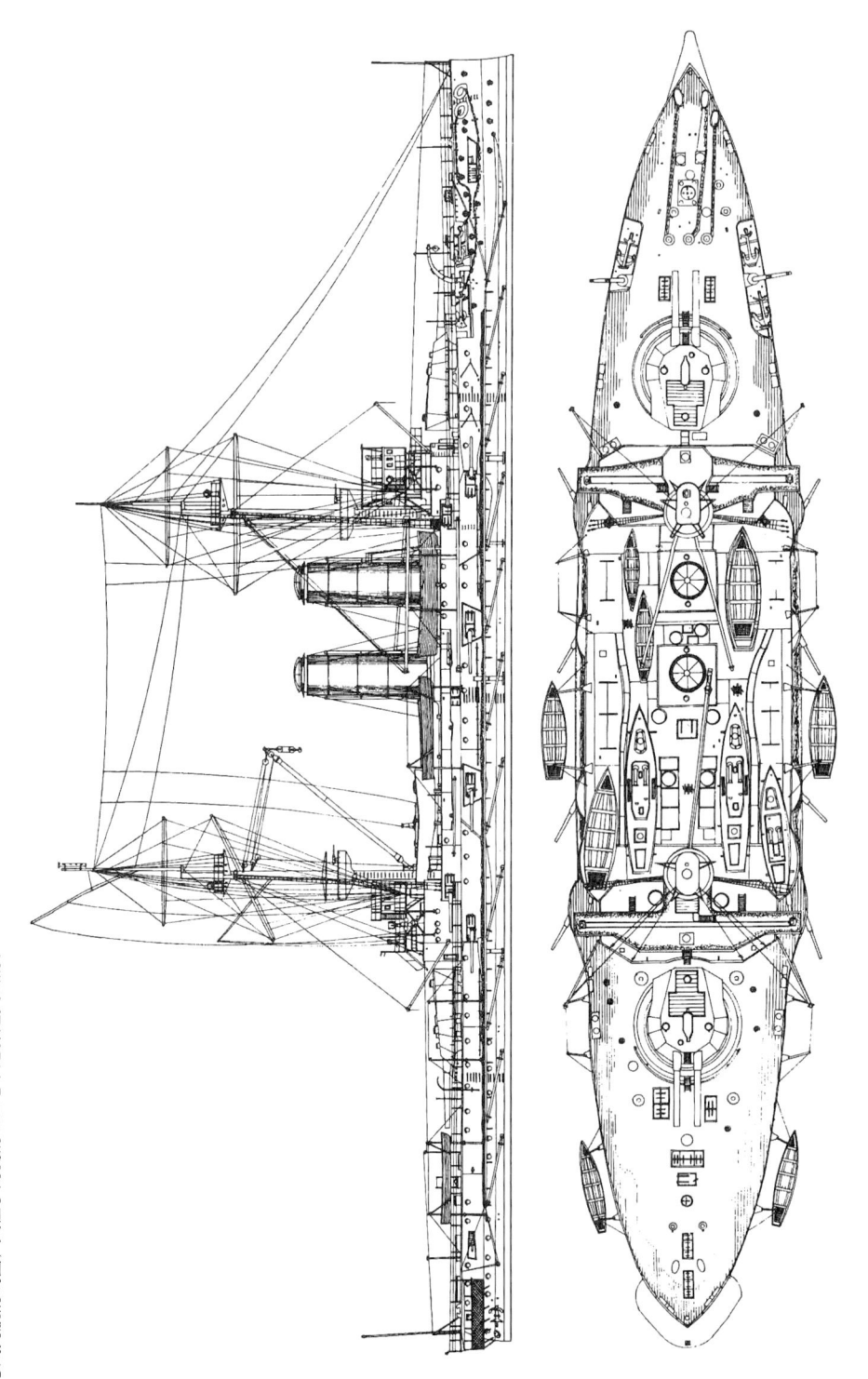

"邓肯"号战列舰的线图,其位于两侧的152毫米炮郭是突出的。

水线以下部分露出海面的"邓肯"号，其明显没有处于满载状态。

建了第6战列舰分舰队。重建后的第6战列舰分舰队接到了炮击位于比利时沿岸德国潜艇基地的任务，其出发基地也从波特兰移至多佛尔港。不过由于多佛尔港缺乏反潜防御力量，第6战列舰分舰队不得不返回波特兰。12月，第6战列舰分舰队再次进入多佛尔。12月30日，第6战列舰分舰队前往希尔内斯，它们在那里替换了第5战列舰分舰队，防御德国可能对英国发动的进攻。

1915年1至5月，第6战列舰分舰队再次被解散，"邓肯"号前往查塔姆造船厂接受维修改造，其于7月19日加入了菲尼斯特雷-亚速尔群岛-马德拉群岛分舰队的第9巡洋舰分舰队。8月，"邓肯"号加入亚得里亚海的第2独立分舰队，该舰队的任务是在意大利对奥匈帝国宣战后支援意大利海军。

1916年6月，"邓肯"号加入爱琴海上的第3独立分舰队，基地在希腊港口城市萨洛尼卡。10至12月，"邓肯"号参加了对希腊保皇党的军事行动，期间其运载海军陆战队在雅典登陆。1917年2月，"邓肯"号返回英国并在希尔内斯转入储备，舰上的船员被调往反潜部队服役。"邓肯"号在希尔内斯一直停泊至4月，然后便前往查塔姆造船厂接受维修。1918年1月，当"邓肯"号完成改造后，其返回查塔姆并成为一艘宿舍船。

1919年3月，"邓肯"号出现在处理名单上。1920年2月18日，"邓肯"号被史丹利拆船公司买下，同年6月被拖至多佛尔进行拆解。

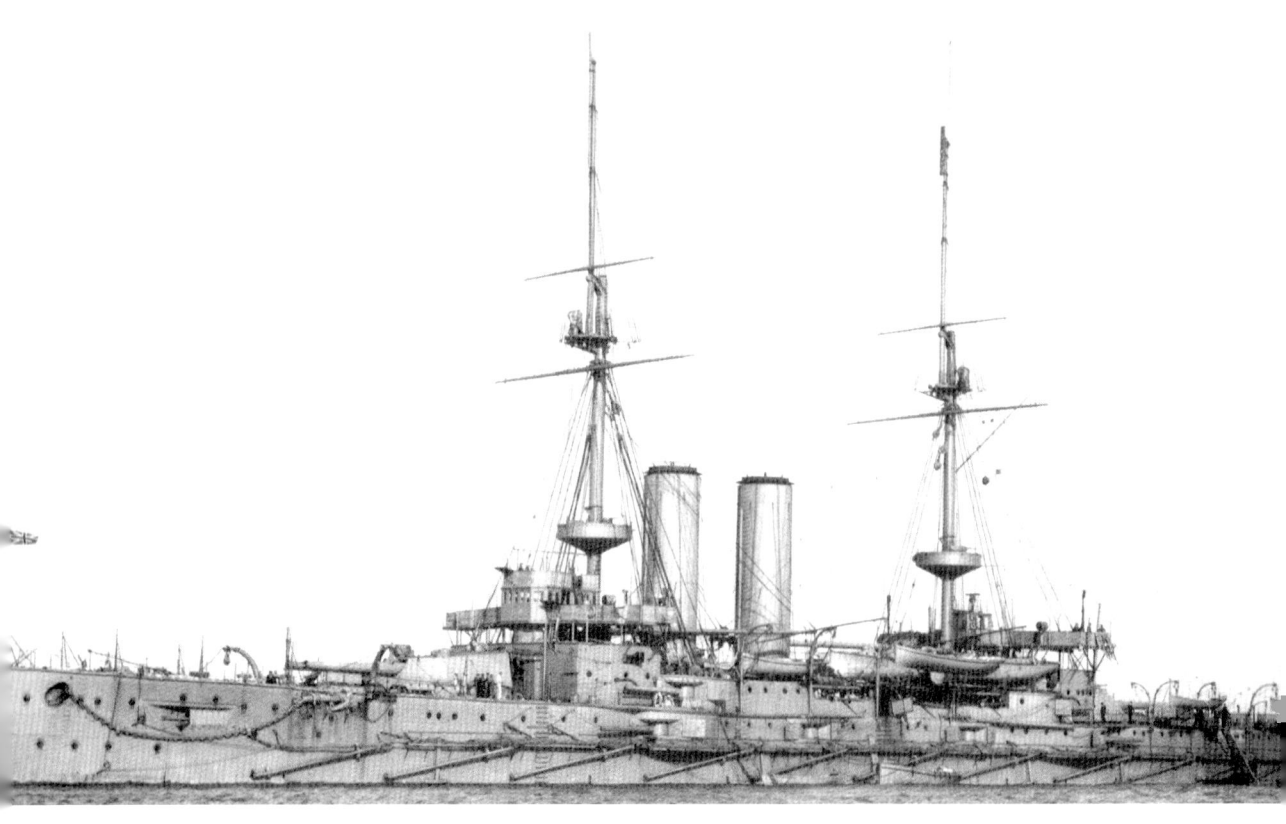

▲ 1905年11月时的"邓肯"号战列舰，其舰体两侧挂着防鱼雷网支架。

▲ 1907年时的"邓肯"号,其主桅上安装了新的射击控制桅楼。

▲ 在拖轮的引导下前往多佛尔的"邓肯"号战列舰。

"罗素"号（HMS Russell）

"罗素"号由帕尔默造船厂建造，该舰于1899年3月11日动工，1901年2月19日下水，造价110万英镑。1903年2月19日，完成海试的"罗素"号加入地中海舰队。1904年4月7日，"罗素"号被调往本土舰队。1905年舰队重组后，"罗素"号成为海峡舰队的一员。1907年，"罗素"号又进入大西洋舰队服役。1908年7月16日，"罗素"号在加拿大的魁北克海域与巡洋舰"金星"号（HMS Venus）相撞，其舰体小面积损伤。

1909年7月30日，"罗素"号再次被调往地中海舰队。1912年舰队重组后，"罗素"号成为本土舰队第1舰队中第4战列舰分舰队的一员。1912年8月，"罗素"号进入英国海域。1913年9月，"罗素"号在保留了基础船员后被分配给第6战列舰分舰队。从1913年12月开始，"罗素"号成为第6战列舰分舰队的旗舰。

第一次世界大战爆发后，"罗素"号跟随第6战列舰分舰队在英国本土服役（参见"邓肯"号简历相关部分）。1915年1至5月，随着第6战列舰分舰队的解散，"罗素"号加入了大舰队的第3战列舰分舰队。1915年10至11月，其在贝尔法斯特接受维修。

1915年11月6日，第3战列舰分舰队中的"海伯尼亚"号、"齐兰迪亚"号、"阿尔柏马尔"号和"罗素"号组成的舰队前往地中海达达尼尔海峡参加战斗。在航行过程中，"阿尔柏马尔"在风浪中受损不得不返航，其他的3艘战列舰继续向地中海前进。12月其，"罗素"号开始在达达尼尔海峡执行任务，其参与了1916年1月7至9日的协约国军队的撤退行动。"罗素"号是达达尼尔海峡最后撤走的英国战列舰，之后它一直在地中海东部活动。

1916年4月27日，"罗素"号在马耳他附近海域撞上了两枚水雷，这两枚水雷是德国潜艇U-73号布设的。"罗素"号的舰体后部发生火灾，以至于舰长不得不下令弃舰。尽管"罗素"号后主炮发生了爆炸，但是其沉没速度比较缓慢，大部分船员都得以逃生。在"罗素"号的沉没事件中，一共有27名军官和98名水兵遇难。在整个"罗素"号沉没的处理中，舰长约翰·坎安宁（John H. D. Cunningham）及时下令弃舰拯救了许多海军官兵的生命，后来他成为了英国的第一海军大臣。

◀ 停泊在海面上的"罗素"号战列舰，后面搭起了凉棚。

第三章 前无畏舰时代（下） / 153

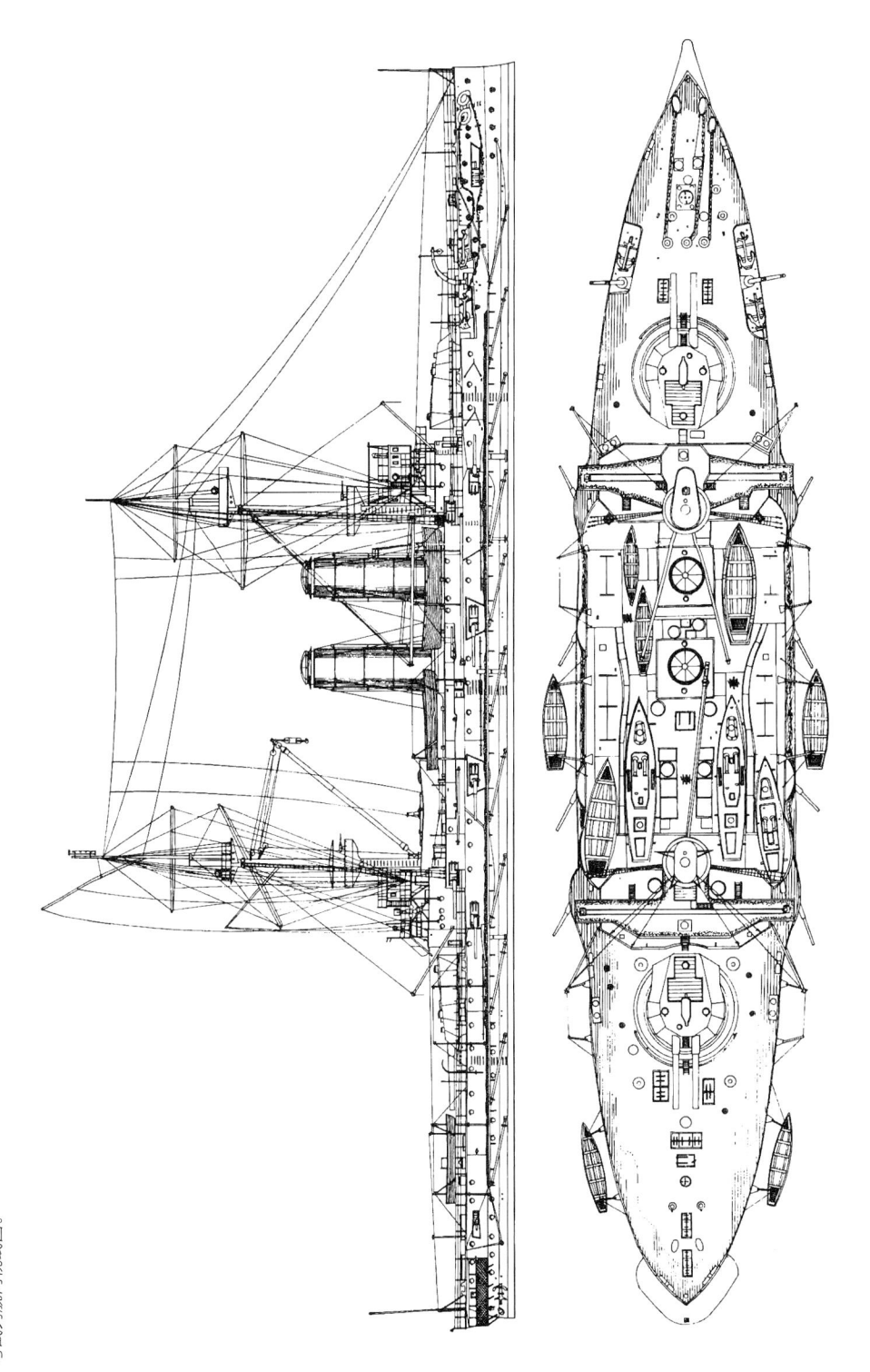

"罗素"号战列舰两视线图。

"康沃利斯"号（HMS Cornwallis）

"康沃利斯"号由查塔姆造船厂建造，该舰于1899年7月19日动工，1901年7月17日下水，造价109万英镑。1904年2月9日，完成海试的"康沃利斯"号加入地中海舰队并替换了"声望"号战列舰。1904年9月17日，"康沃利斯"号与希腊双桅帆船"白芷"号相撞，不过其没有损坏。1905年2月，"康沃利斯"号调至海峡舰队，1907年1月14日又调至大西洋舰队。在大西洋舰队服役期间，"康沃利斯"号于1908年在直布罗陀接受了维修。1909年8月25日，"康沃利斯"号成为第二旗舰。

1909年8月，"康沃利斯"号被调回地中海舰队。随着1912年5月1日的舰队重组，"康沃利斯"号成为本土舰队下第4战列舰分舰队的一员。1914年3月，"康沃利斯"号在保留了基本船员之后加入了第二舰队的第6战列舰分舰队。

第一次世界大战爆发后，"康沃利斯"号跟随第6战列舰分舰队在英国本土服役（参见"邓肯"号简历相关部分）。1914年12月末，"康沃利斯"号离开第6战列舰分舰队前往爱尔兰西部海域，它以基拉尼湾为基地直到1915年1月。

▲ "康沃利斯"号下水仪式中，其巨大的舰体从船台滑入海中。

▲ 停泊中的"康沃利斯"号战列舰，其桅盘上的火炮已经被拆除了。

◀ 1915年，正在苏佛拉湾进行主炮射击的"康沃利斯"号。

▼ 停泊中的"康沃利斯"号战列舰，可以看到其舷窗上焊着铁条。

1915年1月，"康沃利斯"号接到命令前往达达尼尔海峡参加达达尼尔海峡战役。1月24日，"康沃利斯"号离开波特兰，2月13日抵达希腊的提涅多斯并加入达达尼尔海峡舰队。"康沃利斯"号几乎参加了达达尼尔海峡战役中所有的军事行动。2月18至19日，"康沃利斯"号参加了达达尼尔海峡战役的揭幕之战，它与友舰对土耳其军队的阵地进行了猛烈的炮击。12月18至20日，"康沃利斯"号参加了协约国部队在苏佛拉湾的撤退行动，行动中其一共发射了500枚305毫米炮弹和6000枚152毫米炮弹，"康沃利斯"号成为最后离开苏佛拉湾的英国大型战舰。

圆满完成苏佛拉湾的撤退行动之后，"康沃利斯"号前往苏伊士运河进行巡逻，然后在1916年3月加入了东印度舰队。同月，"康沃利斯"号返回地中海并在马耳他进行维修。

1917年1月9日，在马耳他以东60海里处，"康沃利斯"号遭到了德国潜艇U–32号的鱼雷攻击。德国潜艇发射的鱼雷击中了"康沃利斯"号的右舷，爆炸在舰体下方撕开了一个大洞，海水顺势灌入舰体并淹没了锅炉舱。由于右舷进水，舰体向右倾斜了10度。由于舰体倾斜并不是很大，舰长指挥船员们对受伤的军舰进行抢修。就在被第一枚鱼雷命中75分钟之后，又一枚鱼雷击中右舷并造成15人死亡。第二次鱼雷攻击彻底打消了大家对军舰进行抢救的努力，舰长命令弃舰。第二枚鱼雷击中"康沃利斯"号30分钟后这艘军舰才最终沉没，这给了船员足够的撤离逃生时间，"康沃利斯"号的沉没并没有造成太大的人员伤亡。

"埃克斯茅斯"号（HMS Exmouth）

"埃克斯茅斯"号由莱尔德造船厂建造，该舰于1899年8月10日动工，1901年8月31日下水，造价109万英镑。1903年6月2日，完成海试的"埃克斯茅斯"号加入地中海舰队。1904年5月18日，"埃克斯茅斯"号加入本土舰队并成为旗舰。当1905年舰队重组后，其成为海峡舰队的旗舰。1907年，"埃克斯茅斯"号不再担任旗舰，其在保留了基本船员后进入朴茨茅斯造船厂接受维修。

1907年5月25日，当维修结束之后，"埃克斯茅斯"号成为大西洋舰队的旗舰。1908年，"埃克斯茅斯"号再次进入地中海舰队服役，这时候它仍然担任旗舰。1908至1909年，"埃克斯茅斯"号在马耳他接受维修改造。1912年5月1日，皇家海军舰队再次进行重组，地中海舰队成为本土舰队的一部分，"埃克斯茅斯"号也成为本土舰队第1分舰队下第4战列舰分舰队的成员。1912年12月，战列舰"无畏"号替代了"埃克斯茅斯"号的位置，它进入马耳他进行维修。1913年7月1日，结束维修的"埃克斯茅斯"号保留了基本船员后加入第6战列舰分舰队，其任务主要是在德文波特港作为射击训练舰使用。

第一次世界大战爆发后，"埃克斯茅斯"号跟随第6战列舰分舰队在英国本土服役（参见"邓肯"号简历相关部分）。1914年11月23日，"埃克斯茅斯"号和"罗素"号一起对比利时泽布勒赫的德国潜艇基地进行了炮击，其中"埃克斯茅斯"号发射了400多枚炮弹，炮击取得了非常良好的效果。有趣的是，当时的荷兰报纸却报道称皇家海军这次针对比利时境内德军潜艇基地的炮击效果并不明

海面上的"埃克斯茅斯"号战列舰,从这个角度上看其桅杆非常高大。

显。后来"埃克斯茅斯"号跟随第6战列舰分舰队前往希尔内斯防备德国可能对英国发动的进攻。

1915年1至3月，第6战列舰分舰队解散，"埃克斯茅斯"号于5月12日前往达达尼尔海峡战场并成为英国舰队旗舰。为了防御可能遭到的德国潜艇的鱼雷攻击，"埃克斯茅斯"号安装了重型防鱼雷网。随着皇家海军3艘战列舰的沉没，在两个星期的时间内，"埃克斯茅斯"号成为达达尼尔海峡战场上唯一一艘战列舰。1915年6至8月，"埃克斯茅斯"号参加了对土军的攻击行动。

1915年11月，"埃克斯茅斯"号离开达达尼尔海峡前往爱琴海并成为第3独立分舰队的旗舰，该舰队的基地在希腊的萨洛尼卡，任务是支援法国海军对希腊和保加利亚的支援，同时协助防守苏伊士运河。11月28日，"埃克斯茅斯"号撤离了在贝尔格莱德的英国海军人员。1916年9至12月，"埃克斯茅斯"号参加了打击希腊保皇派的行动，并与姐妹舰"邓肯"号一起将海军陆战队送上海岸直取雅典。

1917年3月，"埃克斯茅斯"号加入东印度舰队，其在科伦坡至孟买之间的海域巡逻。6月，"埃克斯茅斯"号结束了在印度洋上的任务返回英国。8月，"埃克斯茅斯"号抵达德文波特并将船员派往反潜部队，军舰成为储备舰直到1919年4月。1920年1月15日，"埃克斯茅斯"号被卖给福斯拆船公司（Forth Shipbreaking Company），后来在荷兰被拆解。

▲ "康沃利斯"号战列舰的舰艉，其舰艉上挂着船锚。

"蒙塔古"号（HMS Montagu）

"蒙塔古"号由德文波特造船厂建造，该舰于1899年11月23日动工，1901年5月31日下水，造价104万英镑。1903年7月28日，完成海试的"蒙塔古"号加入地中海舰队。1905年1月，"蒙塔古"号加入海峡舰队。

1906年5月30日凌晨2时，正在进行无线电通讯实验的"蒙塔古"号在海上遇到了大雾，当时军舰正以高速通过布里斯托尔海峡。当"蒙塔古"号绕过兰迪岛西南部时，军舰遇到了强大的撞击力，然后搁浅。海底的礁石在"蒙塔古"号舰体上留下了很多裂口，其中最长的一个长28米。就这样，"蒙塔古"号几乎是坐沉在海岸线上。

为了拯救这艘军舰，皇家海军开始了救援行动。潜水员潜入海底查看军舰的受损情况，他们惊奇地发现一块礁石竟然插入"蒙

第三章 前无畏舰时代（下） / 159

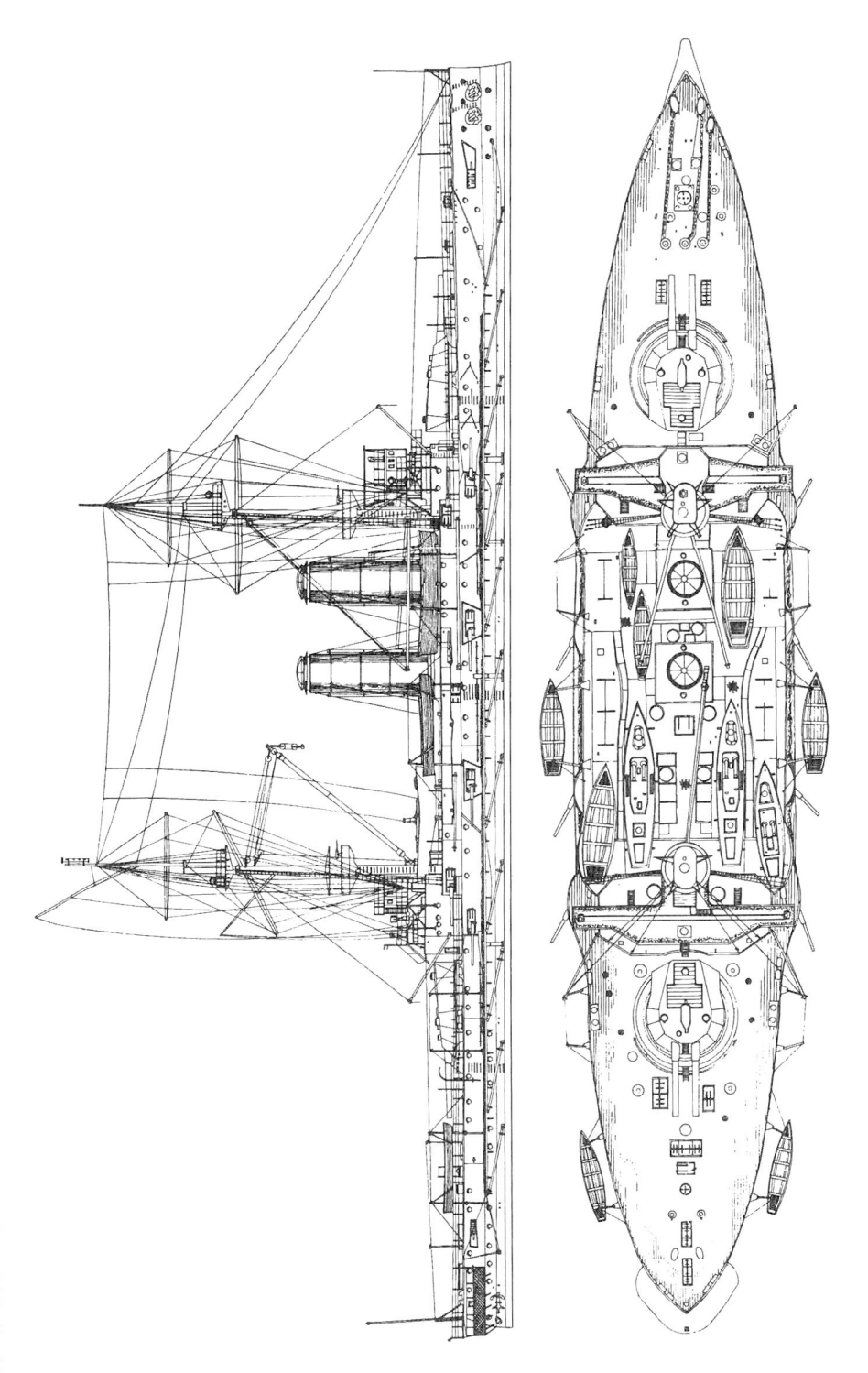

"蒙塔古"号战列舰的两视线图。

▲ 航行中的"蒙塔古"号战列舰，这艘战舰的命运竟然是在事故中座沉礁石丛中。

▲ 挂满彩旗的"蒙塔古"号战列舰。

▲ 搁浅后的"蒙塔古"号战列舰，其在海岸和军舰之间搭起了一座绳索桥。

塔古"号舰体内达3米。在搁浅之后24小时，军舰的锅炉舱、储煤舱等纷纷进水，舰体开始向右倾斜。海军工程人员开始努力封堵舰体上的漏洞，但是效果并不明显。

在军舰打捞方面没有太多经验的皇家海军任命弗里德里克·杨（Frederic Young）作为总指挥，开始对"蒙塔古"号进行打捞。为了减轻军舰的重量，6至8月间，"蒙塔古"号上的305毫米主炮、152毫米火炮、部分装甲、锅炉、重型机械配件被拆除。在此期间，"蒙塔古"号的姐妹舰"邓肯"号也前来进行救援。

1906年夏天结束后，打捞工作暂停一年后于1907年重新开始。潜水员对军舰进行了评估，发现在这一年的时间里，"蒙塔古"号的舰体已经发生了变形，甲板开裂，龙骨也部分受损，已经失去了打捞修复的价值。在停止打捞的时期内，许多民间人士登上搁浅的军舰拆卸舰上的设备，皇家海军不得不在军舰上驻扎警备人员。最终皇家海军放弃了"蒙塔古"号，西洋打捞公司开始对军舰进行拆解，这个工程用了15年的时间。

今天，许多潜水爱好者还能在"蒙塔古"号沉没的地方找到残骸，其舰长室的木地板则陈列在伊尔弗勒科姆博物馆中。

"阿尔柏马尔"号（HMS Albemarle）

"阿尔柏马尔"号由查塔姆造船厂建造，该舰于1900年1月1日动工，1901年3月5日下水，造价107万英镑。1903年11月12日，完成海试的"阿尔柏马尔"号加入地中海舰队。

1905年2月，"阿尔柏马尔"号加入海峡舰队并成为第二旗舰。1907年1月31日，"阿尔柏马尔"号转入大西洋舰队服役并依然作为第二旗舰。1907年2月11日，其与"英王爱德华七世"级的"共同体"号战列舰相撞,舰体轻微受损。1909年1月,"阿尔柏马尔"号前往直布罗陀,其成为大西洋舰队的旗舰。5至8月,"阿尔柏马尔"号前往马耳他进行维修。1910年2月,"阿尔柏马尔"号结束了在大西洋舰队的服役。

"阿尔柏马尔"号战列舰的线图。

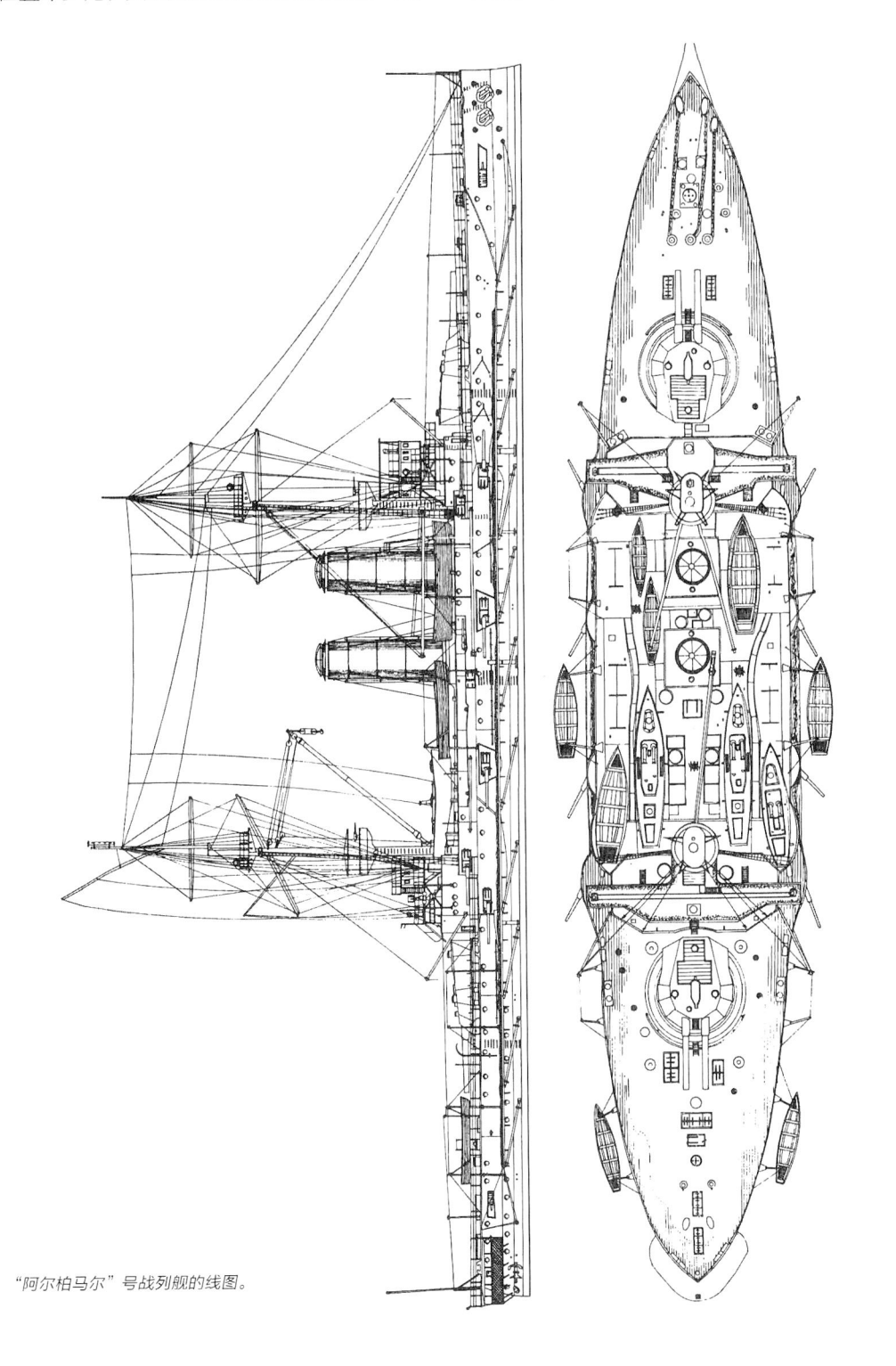

1910年2月25日，"阿尔柏马尔"号加入本土舰队的第3战列舰分舰队。1911年10月30日，"阿尔柏马尔"号进入朴茨茅斯港进行维修，整个维修直到1912年12月才结束。"阿尔柏马尔"号后来加入第4战列舰分舰队。1913年5月15日，在保留了基本船员后，"阿尔柏马尔"号被调往第6战列舰分舰队并担任射击训练舰。

第一次世界大战爆发后，"阿尔柏马尔"号跟随第6战列舰分舰队在英国本土服役（参见"邓肯"号简历相关部分）。当1915年1至5月，第6战列舰分舰队解散后，"阿尔柏马尔"号加入了大舰队中的第3战列舰分舰队。1915年10月，其开始在查塔姆造船厂接受维修。

1915年11月6日，第3战列舰分舰队中的"阿尔柏马尔"号、"海伯尼亚"号、"齐兰迪亚"号和"罗素"号组成的舰队前往地中海的达达尼尔海峡参加在那里的战斗。11月6日，舰队在彭特兰湾遭遇了大风暴，由于"阿尔柏马尔"号运载了大量的弹药，造成吃水过沉。大浪不断打在军舰上，造成了舰体和指挥塔等上层建筑严重损坏。在高危海况中，一名军官被大浪冲走，一名军官死亡，另有3名军官和16名船员受伤（其中2人后来因为重伤不治身亡）。由于受损严重，"阿尔柏马尔"号不得不返回斯卡帕湾进行维修。当12月维修完成的时候，"阿尔柏马尔"号留在了大舰队中，它因此也成为大战中唯一一艘没有在地中海作战的"邓肯"级战列舰。1916年1月，"阿尔柏马尔"号前往俄罗斯北部的摩尔曼斯克作为护航舰只并执行破冰任务。在摩尔曼斯克期间，"阿尔柏马尔"号担任了当地皇家海军舰队的旗舰。

1916年9月，"阿尔柏马尔"号返回英国并在朴茨茅斯转为储备舰，10月在利物浦接受维修改造。1917年3月，"阿尔柏马尔"号进入德文波特港。在维修期间，"阿尔柏马尔"号主装甲带上的152毫米火炮被拆卸。到1919年4月，"阿尔柏马尔"号在德文波特港成为一艘住宿船并且被分配给了炮术学校。

"阿尔柏马尔"号在1919年4月出现在处理名单中，8月出现在出售名单中。1919年11月19日，"阿尔柏马尔"号被科恩拆船公司（Cohen Shipbeaking Company）购买。1920年4月，其被拖往斯旺西拆解。

"敏捷"级（Swiftsure class）

19世纪末，当欧洲各强国关系风起云涌之时，远在南美洲的各国之间关系也越发紧张，军备竞赛便是最直接的结果。随着阿根廷从意大利订购了4艘装甲巡洋舰，其一跃成为南美洲各国海军中的大哥大。作为与阿根廷争霸南美的智利当然不敢落后，其向英国订购了两艘可以压制装甲巡洋舰的战列舰，"敏捷"级由此而生。

"敏捷"级由阿姆斯特朗公司设计，舰长144.9米，舰宽21.7米，吃水8.3米，标准排水量12370吨，满载排水量14060吨。

在武器系统上，"敏捷"级采用了前无畏舰时代最常见的配置，包括：4门254毫米主炮，这些火炮以2门为一组安装在前后两座位于中轴线的装甲炮塔内；14门200毫米火炮，每侧7门，这些火炮上下安装，其中5门火炮在

航行中的"敏捷"号,前甲板上聚集了不少船员。

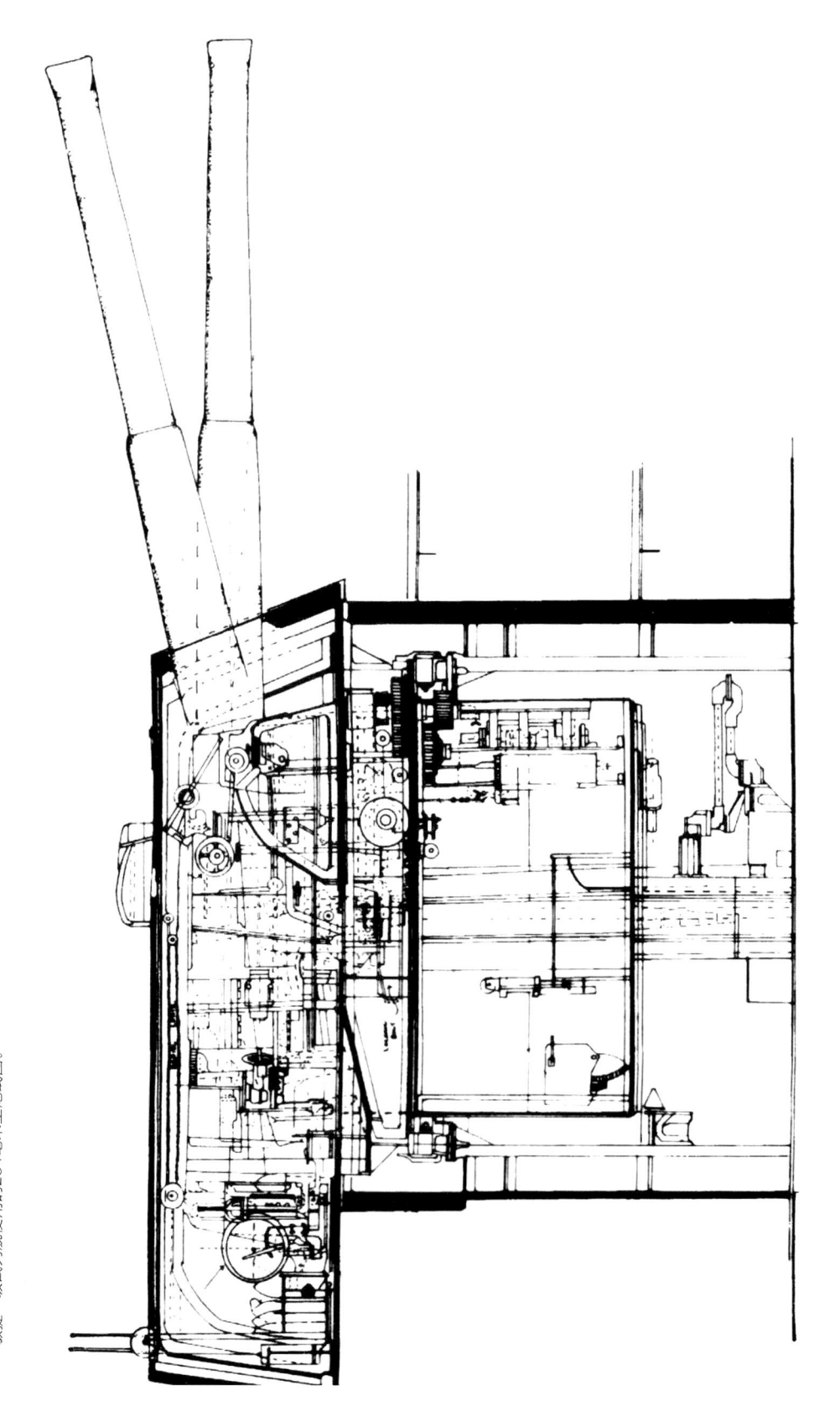

"敏捷"级战列舰使用的254毫米主炮线图。

舰体装甲带上，2门火炮在舰体之上的上层建筑中；14门76毫米火炮，这些火炮安装在舰体和上层建筑中；4门57毫米火炮，安装在桅盘上；除了火炮，"敏捷"级上有2具450毫米鱼雷发射管。

在装甲布局上，"敏捷"级的防护较为全面，其位于舷侧的主装甲带保护着舰身，装甲厚度为76至176毫米，隔舱装甲厚51至152毫米，指挥塔装甲厚279毫米。"敏捷"级全防护炮塔采用了非常好的防弹外形，炮塔正面和侧面装甲厚256毫米，后面装甲厚203毫米，炮塔基座装甲厚51至254毫米。200毫米火炮的炮郭装甲厚178毫米。除了火炮部分的装甲防护，"敏捷"级甲板的装甲厚度在25.4至76毫米之间。

在动力方面，"敏捷"级安装了12座水管锅炉，输出功率达到了12500马力，最高航速超过19节。"敏捷"级战列舰的巡航能力较好，在10节航速时能够持续航行6210海里。

1902年2月26日，"敏捷"级的首舰"敏捷"号战列舰在阿姆斯特朗公司开工建造，该级的"凯旋"号在维克斯公司建造，两艘"敏捷"级战列舰都在1903年下水。就在"敏捷"级的建造过程中，由于阿根廷和智利两国关系的缓和，智利决定将在建的"敏捷"级出售。两艘"敏捷"级突然出现在军火市场上，受到了各国的关注。为了防止军舰落入英国的对手俄国和日本手里，英国政府于1903年12月3日决定将这两艘战列舰收入囊中。

1904年，两艘"敏捷"级战列舰加入皇家海军，它们先后在本土舰队、海峡舰队和地中海舰队服役。1913年，"凯旋"号远赴东印度舰队和中国舰队服役。第一次世界大战爆发后，"敏捷"号参加了达达尼尔海峡战役，而"凯旋"号在结束了东亚作战之后也加入到达达尼尔海峡战役中。战争中，"凯旋"号被德国潜艇击沉，"敏捷"号一直服役到战争结束并于1919年退役。

作为外贸战列舰，以皇家海军的标准来看，"敏捷"级只能算是二级战列舰。与当时英国装备的战列舰相比，"敏捷"级的火力更弱、装甲更薄，不过航速上更快一些，因此它们曾经被部署在远东太平洋地区。尽管与同时代英国建造的其他战列舰存在着差距，但是在皇家海军中服役的"敏捷"级参加了第一次世界大战，并在多个大洋上奋战，为英国赢得战争胜利做出了自己的贡献。

"敏捷"级战列舰一览表

舰名	译名	建造船厂	开工日期	下水日期	服役日期	命运
HMS Swiftsure	敏捷	阿姆斯特朗公司	1902.2.26	1903.1.12	1904.6	1919年5月退役，1920年6月18日出售拆解
HMS Triumph	凯旋	维克斯公司	1902.2.26	1903.1.13	1904.6	1915年7月25日被德国U-21号潜艇击沉

基本技术性能	
基本尺寸	舰长144.9米，舰宽21.7米，吃水8.3米
排水量	标准12370吨 / 满载14060吨
最大航速	19节
动力配置	12座水管锅炉，4座立式膨胀式蒸汽机，12500马力
武器配置	4×254毫米火炮，14×200毫米火炮，14×76毫米火炮，4×57毫米火炮，2×450毫米鱼雷发射管
人员编制	803名官兵

"敏捷"号（HMS Swiftsure）

"敏捷"号由阿姆斯特朗公司建造，原为智利的"宪法"号，该舰于1902年2月26日动工，1903年1月12日下水。1904年6月，完成海试的"敏捷"号在查塔姆港加入本土舰队。随着1905年的舰队重组，"敏捷"号成为海峡舰队的一员。1905年6月3日，"敏捷"号与姐妹舰"凯旋"号相撞，其螺旋桨受损。1906年6至7月，"敏捷"号进入查塔姆造船厂进行维修。1908年10月7日至1909年4月6日，"敏捷"号停泊在朴茨茅斯港，成为一艘储备舰。1909年4月，"敏捷"号开始在地中海舰队服役。1912年5月8日，"敏捷"号被调回本土舰队，其在1912年9月至1913年3月接受了长时间的维修。维修完成后的"敏捷"号在1913年3月26日加入东印度舰队并成为该舰队的旗舰。

第一次世界大战爆发后，"敏捷"号在1914年9至11月对孟买至亚丁湾的船队进行护航。当德国轻巡洋舰"埃姆登"号（SMS Emden）被击沉后，德国在印度洋上的威胁消失了，于是"敏捷"号在12月进入苏伊士运河并在运河上进行巡逻。尽管在苏伊士运河执行任务，但当时"敏捷"号依然是东印度舰队的旗舰。1915年1月27日至2月4日，"敏捷"号在坎特拉附近协助陆军抵御土耳其军队对苏伊士运河发起的进攻。

1915年2月，"敏捷"号在东印度舰队的旗舰位置被装甲巡洋舰"欧吕阿鲁斯"号取代，其加入达达尼尔海峡参加了达达尼尔海峡战役。2月28日，"敏捷"号加入达达尼尔海峡舰队，其主要担任对土军阵地的炮击任务。6月4日，"敏捷"号参加了对登陆部队提供支援的行动。9月18日，当"敏捷"号从德洛斯驶往苏佛拉湾时遭到了一艘德国潜艇的攻击，不过这次攻击没有成功。

▲ 德国轻巡洋舰"埃姆登"号，该舰曾经吸引了皇家海军的大批力量。

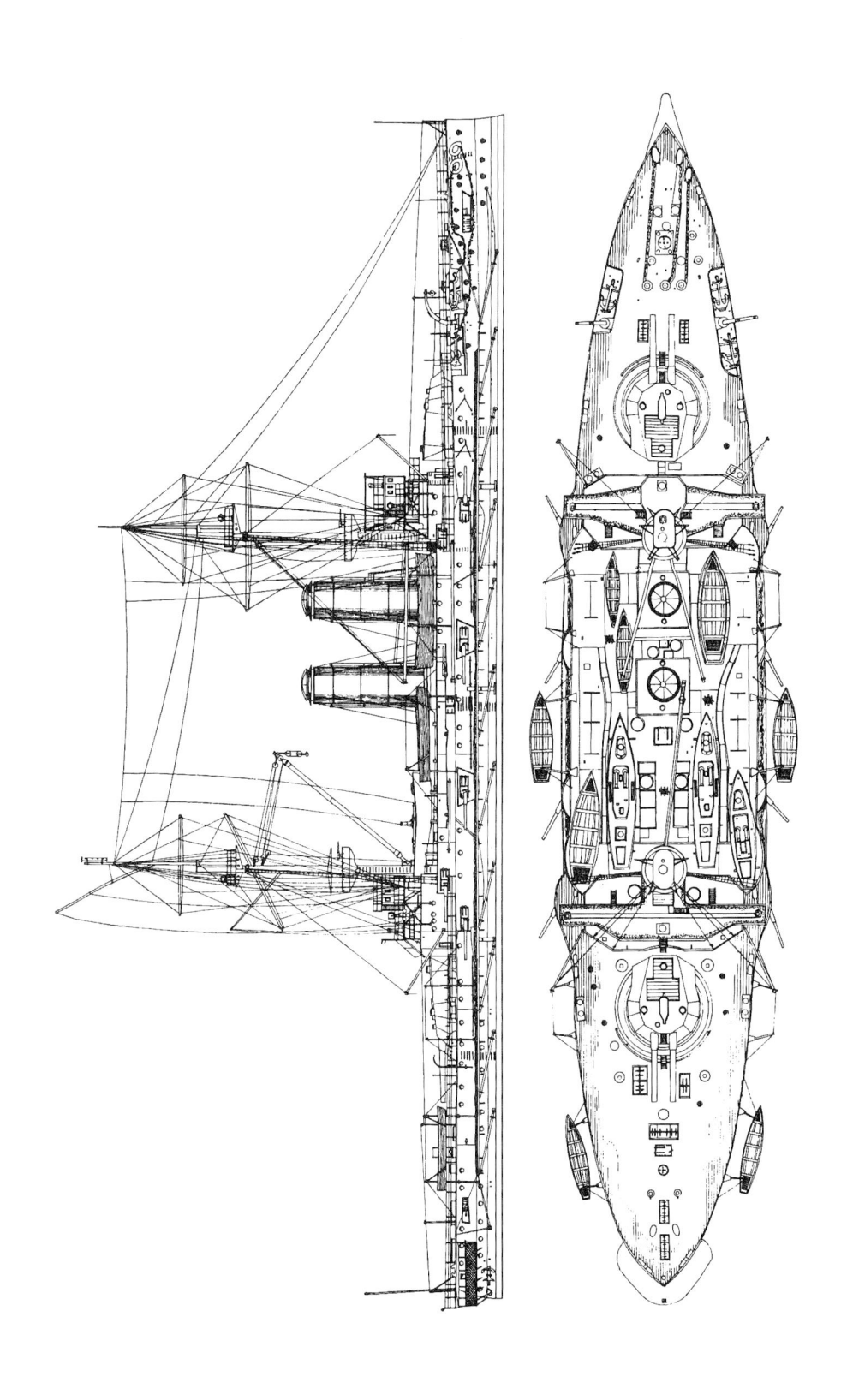

"敏捷"号战列舰的线图,其与之前英国战列舰的设计区别不大。

1908年的"敏捷"号，照片中其中双联装的前主炮塔非常清晰。

▲ 在海面上高速航行的"敏捷"号，除了主炮，舰体两侧的200毫米炮长长的炮管引人注意。

▲ 海面上的"敏捷"号，可以看到位于舷侧的200毫米副炮。

1916年2月，"敏捷"号离开达达尼尔海峡。2月6日，"敏捷"号抵达直布罗陀，在那里它加入了第9巡洋舰分舰队，其任务是在大西洋上巡逻并为船队进行护航。1917年3月，"敏捷"号被调往塞拉利昂，之后于4月11日返回英国的普利茅斯。4月26日，"敏捷"号在查塔姆港转入储备，其船员被派往反潜部队。"敏捷"号在1917年接受了改造，并于1918年2月开始成为一艘宿舍船。1918年秋天，"敏捷"号上的武器装备被拆卸，皇家海军计划将其作为阻塞船沉于比利时奥斯坦德港入口处，就在这个时候战争结束了。

在1920年3月之前，"敏捷"号一直被作为靶舰，后来它的名字出现在出售名单上。1920年6月18日，"敏捷"号被史丹利拆船公司购买并被拆解。

"凯旋"号（HMS Triumph）

"凯旋"号由维克斯公司建造，原为智利的"自由"号，该舰于1902年2月26日动工，1903年1月13日下水，造价95万英镑。1904年6月，完成海试的"敏捷"号停泊在查塔姆港。其于6月21日加入本土舰队。1905年1月，"凯旋"号在彭布罗克船坞外与商船"赛伦"号相撞，不过只遭受了轻微损失。随着1905年的舰队重组，"凯旋"号成为海峡舰队的一员。1905年6月3日，"凯旋"号与姐妹舰"敏捷"号相撞，其舰艏受损。1908年10月，"凯旋"号进入查塔姆造船厂接受了短期维修。1909年4月26日，"凯旋"号加入地中海舰队。1912年5月，"凯旋"号被调回本土舰队。1913年8月28日，"凯旋"号又被调往中国舰队，其驻扎在香港直到第一次世界大战爆发。

1914年8月6日，"凯旋"号接受了内河炮艇的船员，其中包括2名军官、100名水兵和6名信号旗手。"凯旋"号参加了对抗德国东亚细亚舰队的行动，其在行动中俘虏了一艘德国散装货船。8月23日，"凯旋"号加入了日本帝国海军第2舰队，该舰队的任务是支援英

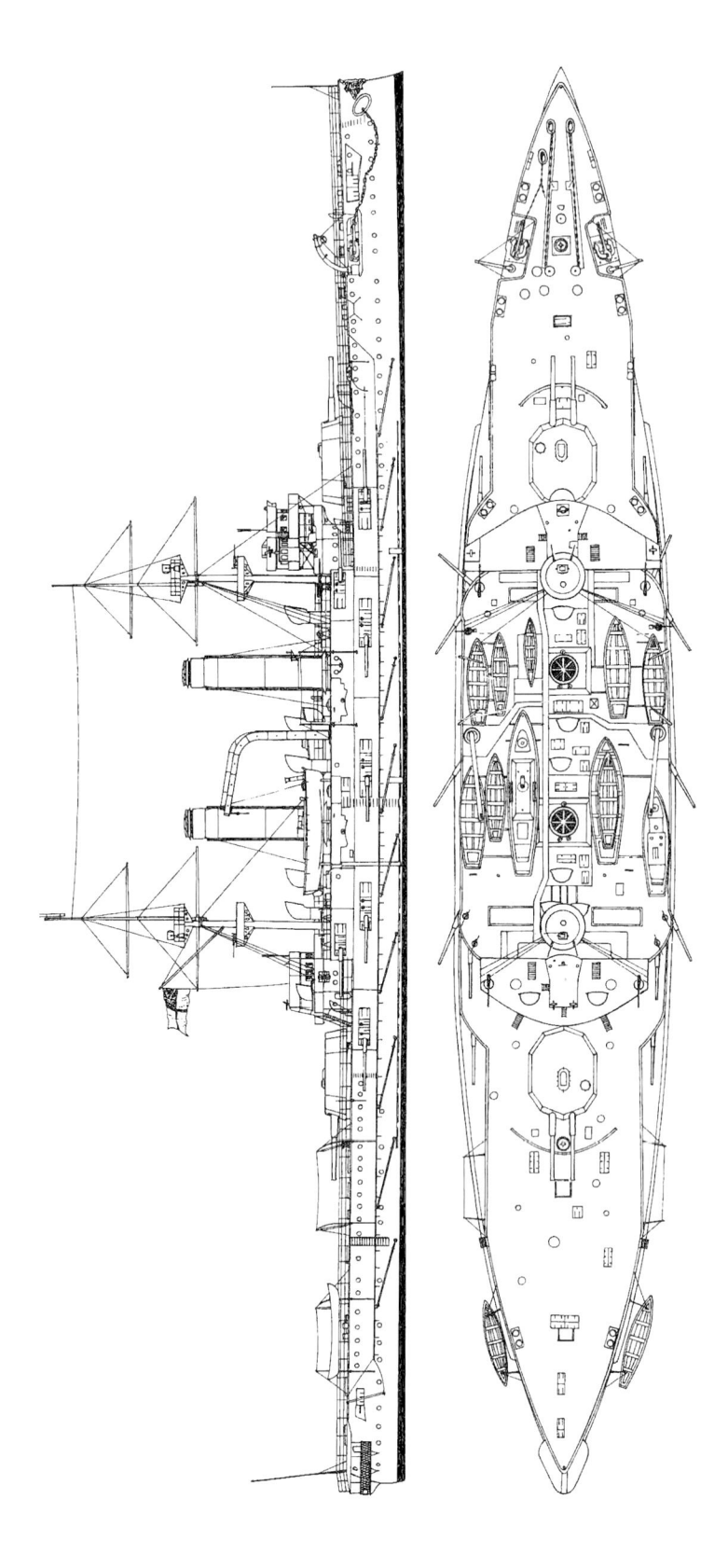

"凯旋"号战列舰的线图,其位于中部的两根桅杆之间的距离还是比较大的。

▲ 海面上的"凯旋"号，一艘小船正从这艘战舰旁经过。

▲ 从友舰上拍摄的"凯旋"号战列舰，其背影很美。

▲ E15号潜艇的艇员正在搭乘"凯旋"号的交通艇返回"凯旋"号战列舰。

◀ 1904年1月，已经接近完工的"凯旋"号，可以看到水线之下的部分。

日联军对德国在青岛殖民地的进攻。"凯旋"号之后抵达威海卫，舰上的志愿者在这里下船参加了英国陆军。当青岛被英日联军攻下之后，"凯旋"号于11月抵达香港进行维修。

1915年1月，当"凯旋"号维修结束后，其前往地中海参加达达尼尔海峡战役。1月12日，"凯旋"号离开香港，后来经过印度洋和苏伊士运河到达地中海。2月19日，已经加入达达尼尔海峡舰队的"凯旋"号与"阿尔比恩"号及"康沃利斯"号对土军阵地进行了炮击。2月25日，"凯旋"号与"阿尔伯恩"号及"尊严"号成为第一批进入土耳其海峡的协约国战列舰，它们对海峡中的土军要塞进行了炮击。3月5日，接到紧急命令的"凯旋"号和姐妹舰"敏捷"号暂时离开达达尼尔海峡,它们对士麦那附近的土军阵地进行炮击,然后于9日返回。

1915年3月18日,"凯旋"号继续炮击土军要塞。4月15日炮击了阿奇巴巴附近的土军阵地;4月18日,"凯旋"号目睹了"尊严"号向已方搁浅的E15号潜艇发射鱼雷的全过程。4月25日,"凯旋"号前去支援新澳联军的登陆作战。到了5月25日,"凯旋"号前往伽巴帖培对土军阵地进行炮击。中午12时30分,"凯旋"号的瞭望员在距离右舷300至400米处发现了潜望镜,舰炮立即对目标开火,但就在此时,一枚鱼雷击中了"凯旋"号。发射鱼雷的是德国海军U-21号潜艇,这枚鱼雷很轻易地就穿过了军舰的防鱼雷网并且击中了右舷。鱼雷在右舷引发了大爆炸,军舰很快便向右舷倾斜了10度。5分钟之后,舰体倾斜达到了30度。驱逐舰"切尔莫"号(HMS Chelmer)靠近倾斜的"凯旋"号并对船员进行撤离,之后"凯旋"号又在海面上漂浮了半个小时,最终沉入了55米深的海底。在"凯旋"号被击中和沉没过程中,一共有3名军官和75名水兵遇难。

"英王爱德华七世"级(King Edward VII class)

进入20世纪的1902年,大英帝国经过艰苦的战斗终于赢得了布尔战争的胜利。对这个非洲荒蛮之地的远征使得英国付出了沉重的代价,仅仅是战争开支就高达2.2亿英镑。布尔战争的惨胜打击了大英帝国的自信心,这场战争也标志着日不落帝国几百年海外扩张历史的终结。尽管英国已经开始了全球范围内的战略收缩,但是其加强了对海外领地的保护,将战略重点重新放在了欧洲。

就在英国总体实力开始下降之时,在第

▲ 港口中的"英王爱德华七世"级战列舰,挂满彩旗说明它们正准备参加大型活动。

二次工业革命中迅速崛起的德意志第二帝国却开始了自己宏大的海军发展计划。对于自身海权的挑战是英国人无法容忍的，于是英国决定加强海军建设，其中的重点便是战列舰。英国要求新型战列舰在与对手战列舰主炮数量同等的情况下在火力上压倒对手，同时在主炮射速偏低时又能够对抗巡洋舰和装甲巡洋舰的袭扰和攻击。在这种要求之下，"英王爱德华七世"级战列舰诞生了。

"英王爱德华七世"级由威廉·亨利·怀特爵士参与设计，舰长138.23米，舰宽23.8米，吃水8.15米，标准排水量16350吨，满载排水量17500吨。

▲ "英王爱德华七世"级战列舰的305毫米主炮剖面图，可以看到基座中的各种设备。

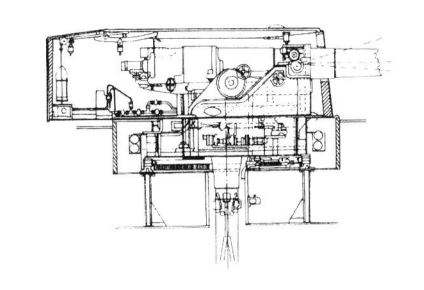

在武器系统上，"英王爱德华七世"级采用了与之前所有前无畏舰都不相同的配置，包括：4门305毫米一级主炮，这些火炮以2门为一组安装在前后两座位于中轴线的装甲炮塔内，其中该级的前5艘（"英王爱德华七世"号、"共同体"号、"自治领"号、"印度斯坦"号、"新西兰"号）采用了老式的40倍口径的Mark IX火炮，后来的3艘（"阿非利加"号、"海伯尼亚"号、"不列颠尼亚"号）采用了新式的45倍口径的Mark X火炮；4门234毫米二级主炮，这4门主炮在四座独立炮塔中，分布于舰体两侧；10门152毫米Mk VII速射炮，每侧有5门，全部安装在舰体装甲带上，其中两侧的2门火炮安装在向外突出的炮郭中；14门76毫米火炮，每侧7门，安装在舰体中部上层建筑中；"英王爱德华七世"级上还安装有两挺机关枪；除了火炮和机枪，该级战列舰上还有5具450毫米鱼雷发射管。

▲ "英王爱德华七世"级战列舰234毫米主炮结构图。

在装甲布局上，"英王爱德华七世"级的防御较强，位于舷侧的主装甲带保护着舰身，主装甲厚达203至229毫米，隔舱装甲厚203至305毫米，经过重点强化的指挥塔装甲厚305毫米，其全防护炮塔采用了非常好的防弹外形，炮塔正面和侧面装甲厚305毫米，后面装甲厚度203毫米，炮塔基座装甲厚305毫米。二级主炮炮塔的装甲厚度在127至229毫米之间。除了主炮部分的装甲防护，"英王爱德华七世"级两侧副炮也有178毫米的装甲炮郭，其甲板装甲厚度在25.4至63.5毫米之间。从总体装甲布局和不同区域的装甲厚度来看，"英王爱德华七世"级的装甲厚度较之前的各级战列舰有着整体的强化，明显提高了军舰的防护能力。

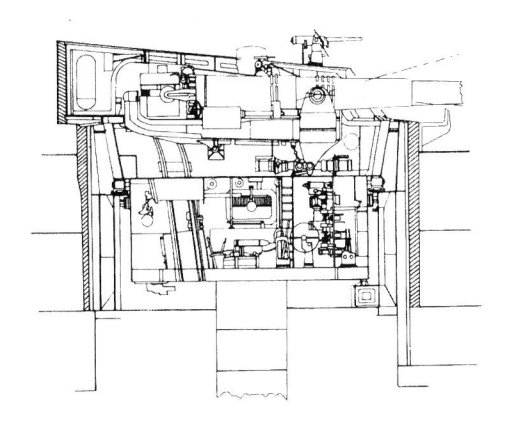

在动力方面，"英王爱德华七世"级下不同舰只的动力系统还是有差别的，其中"英王爱德华七世"号安装了10座水管锅炉和6座圆筒锅炉；"共同体"号和"自治领"号安装

了16座水管锅炉；"阿非利加"号、"不列颠尼亚"号、"印度斯坦"号和"海伯尼亚"号安装了12座水管锅炉和3座圆筒锅炉；"新西兰"号安装了12座尼克劳斯水管锅炉和3座圆筒锅炉；所有的"英王爱德华七世"级都安装有两座立式膨胀式蒸汽机，以两轴推进。作为皇家海军中第一级在设计建造时就采用油煤混烧技术的战列舰，除了"新西兰"号，其他的"英王爱德华七世"级都在燃煤锅炉上安装了重油燃烧装置。油煤混烧技术提高了"英王爱德华七世"级的输出功率，其输出功率达到了18000马力，最高航速超过18.5节，在海试时曾经超过了19节。"英王爱德华七世"级的续航能力不是太出色，在10节航速时能够持续航行5270海里，其载煤量约2200吨，载油量380吨。

1902年3月8日，"英王爱德华七世"级的首舰"英王爱德华七世"号战列舰在德文波特造船厂开工建造，英王爱德华七世亲自参加了这艘以自己名字命名的新型战列舰的下水典礼。该级其他7艘战舰分别在维克斯造船厂、费尔菲尔德船舶工程公司、约翰·布朗公司、朴茨茅斯造船厂和查塔姆造船厂建造。所有的"英王爱德华七世"级战列舰都在1903至1907年间下水并服役。服役之后，所有的"英王爱德华七世"级战列舰都被编入同一个作战单位，它们在一战前先后在大西洋舰队、海峡舰队、本土舰队中服役，最终所有的"英王爱德华七世"级都被编入第3战列舰分舰队。1912至1913年，在第一次巴尔干战争期间，"英王爱德华七世"级前往地中海。

第一次世界大战爆发后的相当一段时期内，"英王爱德华七世"级所在的第3战列舰分舰队一直在大舰队中服役。后来两艘"英王爱德华七世"级战列舰前往达达尼尔海峡作战，1916年，第3战列舰分舰队从大舰队中调离，之后舰队中的战列舰分别被调遣至大西洋和亚得里亚海执行任务，其他"英王爱德华七世"级则在英国海域执行巡逻任务。在第一次世界大战中有2艘"英王爱德华七世"级战沉，剩下的6艘"英王爱德华七世"级战列舰在1917至1921年间退役拆解。

作为20世纪开始后英国建造的第一级战列舰，"英王爱德华七世"级可以说是崭新的，其摆脱了10年来"尊严"级定下的英国战列舰的基本设计基调，大量采用了新的设计。"英王爱德华七世"级首次安装了二级主炮，其在火力上可以压倒当时的任何对手；"英王爱德华七世"级是首级在建造时就采

▲ 1909年演习中，3艘在恶劣海面上高速行驶的"英王爱德华七世"级战列舰。

▲ 编队航行中的"自治领"和"印度斯坦"号战列舰。

用了油煤混烧锅炉的战列舰，动力的提升保证了战舰在排水量增加的情况下仍然能够保持高航速；"英王爱德华七世"级的舰体有着更好的平衡性，即便是在恶劣海况条件下，战舰也能够更稳定地进行射击；新型的平衡舵提高了战舰的转弯能力，其在15节航速时最小转弯半径为311米。

从纸面数据上看，"英王爱德华七世"级的确是超越了当时世界上任何一级战列舰，不过其也存在着一些问题。安装了一、二级主炮理论上提高了火力，但是由于射程、威力和弹道性能的不同，两种火炮无法同时进行齐射，只能进行交替射击，限制了火力的发挥；二级主炮的安装既增加了排水量又挤占了舰体内有限的空间，使得战舰的续航能力下降；尽管转弯机动性不错，但是"英王爱德华七世"级却无法长时间保持在一条直线上前进，因此获得了"颤抖的八大舰"（The Wobbly Eight）的绰号。

"英王爱德华七世"级的出现是前无畏舰时代的巅峰之作，它的出现也代表着前无畏舰进入了辉煌时期。在它出现之后，各国都纷纷对其进行效仿，建造了一批安装有二级主炮的战列舰。在"英王爱德华七世"级的使用中，皇家海军发现了不同口径主炮无法进行齐射的问题，于是重新考虑统一主炮口径并增加主炮的数量。尽管之后英国又建造了同样采用一、二级主炮的"纳尔逊勋爵"级，但是正是"英王爱德华七世"级的存在才直接促成了"无畏"号这一革命性全装重型火炮战列舰的出现，无畏舰时代马上就要到来了！

"英王爱德华七世"级战列舰一览表

舰名	译名	建造船厂	开工日期	下水日期	服役日期	命运
HMS King Edward VII	英王爱德华七世	德文波特造船厂	1902.3.8	1903.7.23	1905.2.7	1916年1月6日在愤怒角被水雷炸沉
HMS Dominion	自治领	维克斯造船厂	1902.5.23	1903.8.25	1905.8.15	1918年5月2日退役，1921年5月9日出售拆解
HMS Commonwealth	共同体	费尔菲尔德船舶工程公司	1902.6.17	1903.5.13	1905.3.9	1921年2月退役，1921年11月18日出售拆解
HMS Hindustan	印度斯坦	约翰·布朗公司	1902.10.25	1903.12.19	1905.8.22	1918年5月15日退役，1921年5月9日出售拆解
HMS New Zealand	新西兰	朴茨茅斯造船厂	1903.2.9	1904.2.4	1905.7.11	1917年9月20日退役，1921年11月8日出售拆解
HMS Hibernia	海伯尼亚	德文波特造船厂	1904.1.6	1905.6.17	1907.1.2	1917年10月退役，1921年11月8日出售拆解
HMS Africa	阿非利加	查塔姆造船厂	1904.1.27	1905.5.20	1906.11.6	1918年11月退役，1920年6月30日出售拆解
HMS Britannia	不列颠尼亚	朴茨茅斯造船厂	1904.2.4	1904.12.10	1906.12.8	1918年11月9日被德国潜艇UB-50号击沉

基本技术性能

基本技术性能	
基本尺寸	舰长138.23米，舰宽23.8米，吃水8.15米
排水量	标准16350吨／满载17500吨
最大航速	18.5节
动力配置	10座水管锅炉和6座圆筒锅炉，2座立式膨胀式蒸汽机，18000马力（以"英王爱德华七世"号为例）
武器配置	4×305毫米火炮，4×234毫米火炮，14×152毫米火炮，14×76毫米火炮，5×450毫米鱼雷发射管
人员编制	770名官兵

"英王爱德华七世"号（HMS King Edward VII）

"英王爱德华七世"号由德文波特造船厂建造，该舰于1902年3月8日动工，1903年7月23日下水，造价142万英镑。1905年2月7日，完成海试的"英王爱德华七世"号在德文波特港加入大西洋舰队并成为舰队旗舰。1906至1907年，"英王爱德华七世"号接受维修。1907年3月4日，"英王爱德华七世"号结束在大西洋舰队的服役回到朴茨茅斯。3月5日，"英王爱德华七世"号加入海峡舰队并成为海军中将查尔斯·贝雷斯福德的旗舰，其在1907至1908年在朴茨茅斯接受维修。

1909年3月24日，舰队重组后海峡舰队成

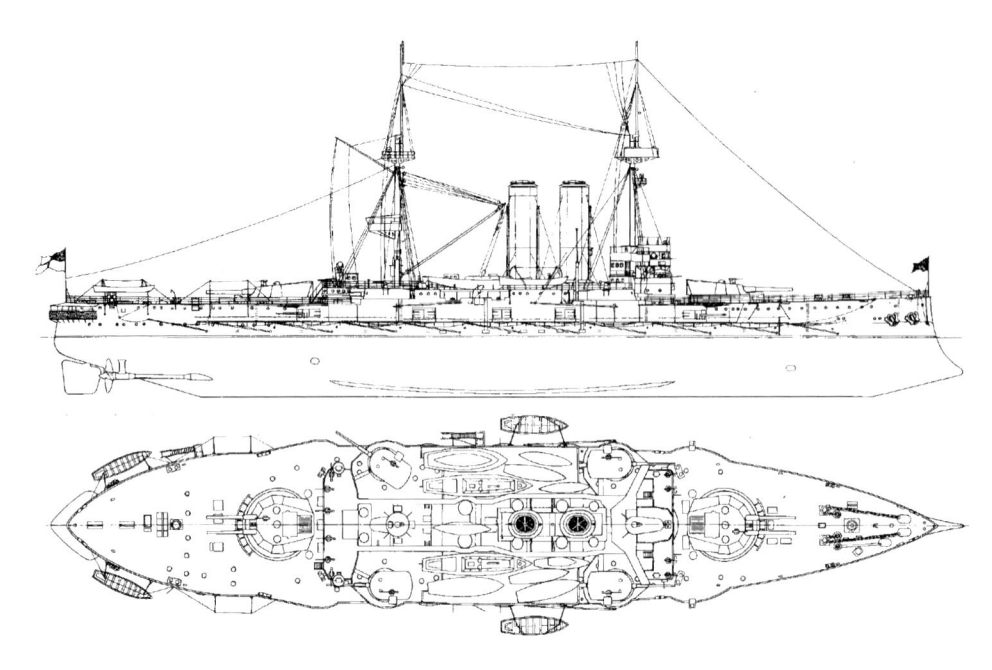

▲ "英王爱德华七世"号战列舰线图，其位于舰艉水线之下的冲角非常明显。

航行中的"英王爱德华七世"号,可以看到不远处还有一艘同级战舰。

▲ 1909年，正在爱尔兰多尼戈尔郡拉斯马伦进行舢板训练的"英王爱德华七世"号船员。

为本土舰队的第2分舰队。3月27日，"英王爱德华七世"号再次成为旗舰。1909年12月至1910年2月，"英王爱德华七世"号在朴茨茅斯接受维修。1911年8月1日，"英王爱德华七世"号成为本土舰队第3和第4舰队的旗舰。

1912年5月，皇家海军舰队重组之后，"英王爱德华七世"号和它的7艘姐妹舰全部被编入本土舰队第1分舰队的第3战列舰分舰队，"英王爱德华七世"号则成为战列舰分舰队的旗舰。在1912年10月至1913年5月的第一次巴尔干战争时期，第3战列舰分舰队前往地中海并参加了之后封锁黑山和占领库斯台的军事行动。1913年，第3战列舰分舰队返回英国并在7月23日重归本土舰队。

第一次世界大战爆发后，第3战列舰分舰队被调拨给大舰队，舰队基地位于罗塞斯，而"英王爱德华七世"号继续担任战列舰分舰队的旗舰。第3战列舰分舰队在北方进行巡逻，以补充大舰队巡洋舰兵力上的不足。1914年11月2日，为了加强在英吉利海峡的力量，第3战列舰分舰队被划归海峡舰队指挥，基地在波特兰。11月3日，第3战列舰分舰队又调回了大舰队，不过由于其一直留在后方，直到11月30日才与大舰队汇合。

1916年1月6日，"英王爱德华七世"号卸下旗舰的职责然后在当天早晨7时12分离开斯卡帕湾沿着海岸由苏格兰向爱尔兰航行，它计划前往贝尔法斯特进行维修。10时47分，在愤怒角，"英王爱德华七世"号撞上了德国辅助巡洋舰"海鸥"号（SMS Möwe）之前布

▲ 抵达加拿大新布莱顿的"英王爱德华七世"号战列舰，其舰艉悬挂着英国国旗。

设的水雷。水雷在"英王爱德华七世"号右舷动力舱之下爆炸并使军舰出现了向右8度的倾斜，该舰舰长马克拉克伦上校命令军舰向右转向并尽可能地靠近海岸。由于大爆炸，"英王爱德华七世"号的船舵被卡住，而动力舱完全被海水淹没后停止了工作，其最终停在了海面上。

失去动力的"英王爱德华七世"号开始发送求救信号，第一艘赶到的船只是运煤船"梅利塔公主"号（Princess Melita），之后又有一艘皇家海军的军舰抵达并开始对"英王爱德华七世"号进行拖行。拖行于14时15分开始，但是此时的"英王爱德华七世"号向右倾斜的角度已经达到了15度，而强风和大浪也给拖行造成了困难。14时40分，"梅利塔公主"号的缆绳断裂，马克拉克伦要求剩下的一艘海军舰艇一定要坚持住。

随着"英王爱德华七世"号的不断进水，马克拉克伦舰长最终下达了弃舰命令。3艘驱逐舰靠近正在下沉的"英王爱德华七世"号，将船员接走并运往港口。16时10分，最后一名船员登上了驱逐舰。17时20分，仍然有船只呆在"英王爱德华七世"号旁边。直到20时10分，"英王爱德华七世"号才最终倾覆并沉没，从触雷到沉没，"英王爱德华七世"号在海面上挣扎了9个小时。其实直到"英王爱德华七世"号沉没，英国人也不确定它是被水雷击沉的还是被鱼雷击沉的，直到很多年后翻阅了德国方面的档案，研究者们才确定了其沉没的原因。

▲ 停泊中的"英王爱德华七世"号战列舰，可以看到舷侧的234毫米二级主炮炮塔。

"自治领"号（HMS Dominion）

"自治领"号由维克斯造船厂建造，该舰于1902年5月23日动工，1903年8月25日下水，造价142万英镑。1905年8月15日，完成海试的"自治领"号在朴茨茅斯港加入大西洋舰队。1906年8月16日，"自治领"号在北美洲的圣劳伦斯湾搁浅，其外壳遭到了严重的破坏，舰体内也有大量进水。1906年9月，"自治领"号抵达百慕大，在这里进行了简单修补之后于1907年初返回英国的查塔姆造船厂进行大修。当维修结束后，"自治领"号在1907年3月加入了海峡舰队。

1907年5至7月，"自治领"号进行全面维修，后来返回海峡舰队。直到1909年舰队重组，"自治领"号被编入了本土舰队第2分舰队中。1912年5月皇家海军再次进行重组，"自治领"号与其他"英王爱德华七世"级战列舰都被编入了本土舰队第1分舰队的第3战列舰分舰队之中（"自治领"号在第3战列舰分舰队中的服役历史参见"英王爱德华七世"号服役简介）。

▲ 航行中的"自治领"号战列舰，两种口径的主炮非常明显。

当"英王爱德华七世"号不再担任旗舰后,"自治领"号在1915年8至9月暂时成为第3战列舰分舰队的旗舰。在之后的舰队内调整中,"英王爱德华七世"级与更具战斗力的无畏舰区分开来,它们的任务是保护无畏舰不受水雷攻击,并且在海战中首先开火以分散敌人的注意力。

1916年4月29日,第3战列舰分舰队进入希尔内斯港。5月3日,分舰队从大舰队中调离,听从诺尔地区的指挥,此时"自治领"号仍然在第3战列舰分舰队中。5月,"自治领"号遭遇了德国潜艇发动的一次不成功的攻击。1917年6月,"自治领"号进入朴茨茅斯造船厂进行维修。

1916年开始,第3战列舰分舰队中的成员开始被调离,至1918年3月,"自治领"号和"无畏"号成为该分舰队中仅存的战舰。第3战列舰分舰队最终被解散,而"自治领"号成为泽布勒赫突袭和第一次奥斯坦德突袭的支援舰艇。"自治领"号驻扎在斯温直到1918年5月。5月2日,"自治领"号进入诺尔港被储备起来,其被作为宿舍船使用。

1919年5月29日,"自治领"号的名字出现在查塔姆造船厂的处理名单上。"自治领"号于1921年5月9日被售出,1923年9月23日被拖至贝尔法斯特,1924年10月28日被拖往普雷斯顿拆解。

▲ 停泊在海面上的"自治领"号,可以看到舷侧的防鱼雷网支架。

"共同体"号(HMS Commonwealth)

"共同体"号由费尔菲尔德船舶工程公司建造,该舰于1902年6月17日动工,1903年5月13日下水,造价147万英镑。1905年3月14日,完成海试的"共同体"号在朴茨茅斯港加入皇家海军。5月9日,"共同体"号进入了大西洋舰队服役。1907年2月11日,"共同体"号在拉戈斯附近与战列舰"阿尔柏马尔"号相撞,舰体和舱壁受损。同月,"共同体"号前往德文波特港进行维修。

1907年3月,结束维修的"共同体"号加入海峡舰队。同年8月,"共同体"号再次发生事故,它在航行中搁浅。随着1909年舰队重组,"共同体"号成为本土舰队的一员。1910年10月至1911年6月,"共同体"号一直在德文波特港进行维修。

1912年5月的舰队重组后,"共同体"号与其他"英王爱德华七世"级战列舰都被编入了本土舰队第1分舰队的第3战列舰分舰队之中("共同体"号在第3战列舰分舰队中的服役历史参见"英王爱德华七世"号服役简介)。一战爆发后,"共同体"号仍然在第3战列舰分舰队中服役,其在1914年12月至1915年2月间接受维修改造。1915年7月1日,"共同体"号成为第3战列舰分舰队的第二旗舰。

◀ 1909年，正在高危海况下航行的"共同体"号，可以看到其舰艏已经淹没在海浪下。

▼ "共同体"号战列舰的部分军官在甲板上合影，背后是一门234毫米二级主炮。

在之后的大舰队内调整中,"英王爱德华七世"级与更具战斗力的无畏舰区分开来,它们的任务是保护无畏舰不受水雷攻击,并且在海战中首先开火。1916年4月29日,第3战列舰分舰队进入希尔内斯港。5月3日,分舰队从大舰队中调离,听从诺尔地区的指挥。

1917年8月,"共同体"号离开第3战列舰分舰队进入朴茨茅斯港接受改造,改造中的"共同体"号加装了防鱼雷突出部、三角前主桅、火力指挥和控制系统,拆除了舰体装甲带上的152毫米火炮。对"共同体"号的改造使得这艘军舰成为"英王爱德华七世"级中唯一一艘与"无畏"号战列舰有许多共同之处的成员。当"共同体"号于1918年4月完成改造后,其成为当时世界上最先进的前无畏舰,它开始在北方进行巡逻。8月21日,"共同体"号再次加入大舰队,其在因弗戈登成为一艘射击训练舰。尽管仍然采用原有的武器,"共同体"号在皇家海军中一直服役到战争结束,它当时的任务便是为更先进的无畏舰训练炮手。

第一次世界大战结束后,"共同体"号又做了三年的训练舰,其于1921年2月退役。4月,它的名字出现在朴茨茅斯港的处理名单上。1921年11月18日,"共同体"号被卖给斯劳商贸公司(Slough Trading Company),后来它又被转卖给一家德国公司并被拖至德国进行拆解。

▲ 停泊在海面上的"共同体"号战列舰,可以看到舰体侧面234毫米二级主炮炮塔。

"印度斯坦"号(HMS Hindustan)

"印度斯坦"号由约翰·布朗公司建造,该舰于1902年10月25日动工,1903年12月19日下水,造价145万英镑。1905年3月,完成海试的"印度斯坦"号成为一艘储备舰。8月22日,"印度斯坦"号在朴茨茅斯港加入大西洋舰队。1907年3月,"印度斯坦"号加入海峡舰队。随着1909年舰队重组,"印度斯坦"号成为本土舰队的一员。1909至1910年,"印度斯坦"号一直在朴茨茅斯港进行维修。

1912年5月的舰队重组后,"印度斯坦"号与其他"英王爱德华七世"级战列舰都被编入了本土舰队第1分舰队的第3战列舰分舰队之中("印度斯坦"号在第3战列舰分舰队中的服役历史参见"英王爱德华七世"号服役简介)。一战爆发后,"印度斯坦"号仍然在第3战列舰分舰队中服役,并随舰队被调入大舰队。在之后的大舰队内调整中,"英王爱德华七世"级与更具战斗力的无畏舰区分开来,它们的任务是保护无畏舰不受水雷攻击,并且在海战中首先开火。1916年4月29日,第3战列舰分舰队进入希尔内斯港。5月3日,分舰队从大舰队中调离,听从诺尔地区的指挥。"印度斯坦"号在第3战列舰分舰队的序列中,直到1918年5月。

海面上的"印度斯坦"号战列舰,从旗帜飘扬的方向看,其左舷受风。

▲ 正在出港的"印度斯坦"号，可以看到身穿白色制服的船员们在前甲板上列队。

1918年2月，"印度斯坦"号离开第3战列舰分舰队，其被选中作为泽布勒赫突袭和第一次奥斯坦德突袭的支援舰艇。之后到5月，"印度斯坦"号一直停泊在斯温附近，其在当月与驱逐舰"摔跤手"号（HMS Wrestler）相撞并遭到了严重损坏。

1918年5月15日，"印度斯坦"号在诺尔退役，其作为一艘住宿船前往位于查塔姆的皇家海军军营。1919年6月，"印度斯坦"号的名字出现在查塔姆港的处理名单上，8月则

▲ 威尔士亲王爱德华八世（Edward VIII），他站在"印度斯坦"号战列舰的234毫米二级主炮旁边。

出现在出售名单上。1921年5月9日，"印度斯坦"号被售出，其最终于1923年10月14日抵达港口城市普雷斯顿接受拆解。

"新西兰"号（HMS New Zealand）

"新西兰"号由朴茨茅斯造船厂建造，该舰于1903年2月9日动工，1904年2月4日下水，造价142万英镑。1905年7月11日，完成海试的"新西兰"号在德文波特港加入大西洋舰队。1906年10至12月，"新西兰"号在直布罗陀进行维修，1907年4月进入海峡舰队服役。随着1909年舰队重组，"新西兰"号成为本土舰队的一员。

1911年，为了将"新西兰"这个名字给新建成的"不倦"级战列舰"新西兰"号使用（这艘战列舰是新西兰政府为皇家海军筹款建造的），属于"英王爱德华七世"级的"新西兰"号只能改名。起初皇家海军打算将原有的"新西兰"号改名为"苏格兰"号（HMS Caledonia），但却遭到了新西兰政府的强烈反对。后来"西兰大陆"号（HMS Zealandia）这个名字得到各方的支持，最后"新西兰"号改名为"西兰大陆"号。

1912年5月的舰队重组后，"西兰大陆"号与其他"英王爱德华七世"级战列舰都被

"新西兰"号战列舰,其位于舰艏的主炮塔非常显眼。

编入了本土舰队第1分舰队的第3战列舰分舰队之中（"西兰大陆"号在第3战列舰分舰队中的服役历史参见"英王爱德华七世"号服役简介）。一战爆发后，"西兰大陆"号仍然在第3战列舰分舰队中服役，并随舰队被调入大舰队中。在之后的大舰队内调整中，"英王爱德华七世"级与更具战斗力的无畏舰区分开来，它们的任务是保护无畏舰不受水雷攻击，并且在海战中首先开火。

1915年11月6日，第3战列舰分舰队的中的"西兰大陆"号、"海伯尼亚"号、"罗素"号和"阿尔柏马尔"号组成舰队前往支援达达尼尔海峡战役，途中"阿尔柏马尔"号因受损而返航。12月14日，3艘战列舰抵达达达尼尔海峡并参战。1916年1月，"西兰大陆"号和"海伯尼尔"号离开地中海返回英国，它们在2月6日抵达朴茨茅斯港。直到3月，"西兰大陆"号一直在进行维修，后来它回到大舰队下的第3战列舰分舰队中。

1916年4月29日，第3战列舰分舰队再次前往希尔内斯。5月3日，分舰队从大舰队中调离，听从诺尔地区的指挥。"西兰大陆"号一直留在第3战列舰分舰队中直到1917年9月。1916年12月至1917年6月间，其在查塔姆造船厂接受维修改造。

1917年9月20日，"西兰大陆"号离开第3战列舰分舰队，然后在朴茨茅斯港退役。1918年1至9月，"西兰大陆"号在接受改造后成为一艘射击训练舰。像它的姐妹舰"共同体"号一样，"西兰大陆"号也接受了针对于射击控制和指挥系统的改造，不过其并没有增设防鱼雷突出部。改造完成的"西兰大陆"号并没有成为一艘射击训练舰或是再次服役，不过它作为一艘实验舰用于测试多种火控系统的性能。从1919年起，"西兰大陆"号在朴茨茅斯成为一艘宿舍船。

1919年6月2日，"西兰大陆"号出现在处理名单上。1921年11月8日，"西兰大陆"号被史丹利拆船公司购得，后来其被转卖给斯劳商贸公司，而斯劳商贸公司又将该舰卖给了德国公司。"西兰大陆"号最终在1923年11月23日被拖往德国拆解。

"海伯尼亚"号（HMS Hibernia）

"海伯尼亚"号（Hibernia是爱尔兰的拉丁文名称）由德文波特造船厂建造，该舰于1904年1月6日动工，1905年6月17日下水，造价143万英镑。1907年1月2日，完成海试的"海伯尼亚"号在德文波特港加入大西洋舰队并成为舰队旗舰。1907年2月27日，"海伯尼亚"号又被调往海峡舰队并继续担任旗舰。随着1909年3月24日的舰队重组，"海伯尼亚"号成为本土舰队的一员。1910年7月14日，"海伯尼亚"号与一艘双桅帆船相撞，不过没有造成损伤。1912年，"海伯尼亚"号在

▲ 海面上的"海伯尼亚"号，可以看到其舰艉悬挂着英国国旗，后面悬挂着海军旗。

▲ 1912年5月，S.27型双翼飞机从"海伯尼亚"号上起飞瞬间拍下的照片。

▲ 表现飞机从"海伯尼亚"号战列舰旁飞过的绘画。

▲ 停泊中的"海伯尼亚"号战列舰，可以看到炮塔至舰艏前部的轨道式跑道。

保留了基本船员后加入了第3分舰队。

1912年1月，"阿非利加"号战列舰开始在希尔内斯附近海域进行军舰上起飞飞机的实验。5月份，飞行实验的任务被交给了"海伯尼亚"号，海军的工程人员在其前主炮炮塔至舰艏搭起了一个临时飞行跑道。5月初的一天，飞行员查理斯·萨姆森驾驶着一架S.27飞机成功从"海伯尼亚"号上起飞，他是世界上第一个从船只上驾驶飞机起飞的人。同样是在5月，英王乔治五世登上"海伯尼亚"号并且在四天的时间内多次参观了海上起飞飞机的飞行实验。后来，"海伯尼亚"号将这套起飞设备转交给"伦敦"号战列舰。

基于这些实验，皇家海军认为在军舰上起飞飞机是完全可行的，而且还能够执行不同的任务。不过在军舰上架设飞行跑道会严重干扰火炮的射击和其他设备的工作，起飞后的飞机当时也无法进行回收，因此还需要更多的实验和探索，这些实验探索最终的结果便是航空母舰的诞生。

1912年5月的舰队重组后，"海伯尼亚"号与其他"英王爱德华七世"级战列舰都被编入了本土舰队第1分舰队的第3战列舰分舰队之中（"海伯尼亚"号在第3战列舰分舰队中的服役历史参见"英王爱德华七世"号服役简介）。一战爆发后，"海伯尼亚"号仍然在第3战列舰分舰队中服役，并随舰队被调入大舰队中。在之后的大舰队内调整中，"英王爱德华七世"级与更具战斗力的无畏舰区分开来，它们的任务是保护无畏舰不受水雷攻击，并且在海战中首先开火。

1915年11月6日，第3战列舰分舰队中的"海伯尼亚"号、"西兰大陆"号、"罗素"号和"阿尔柏马尔"号组成舰队前往支援达达尼尔海峡战役，途中"阿尔柏马尔"号因受损而返航。12月14日，3艘战列舰抵达达尼尔海峡并参战。1916年1月，"西兰大陆"号和"海伯尼亚"号离开地中海返回英国，它们在2月6日抵达朴茨茅斯港，此时"海伯尼亚"号的舰长是奥古斯塔斯·阿格尔（Augustus Agar）。"海伯尼亚"号在1月份停泊在麦洛附近，其任务是掩护法军从萨洛尼卡撤退。1月底，"罗素"号代替了"海伯尼亚"号的位置，其返回英国。当2月5日抵达德文波特港后，"海伯尼亚"号被分配给大舰队。2至3月，"海伯尼亚"号接受了维修，之后继续在大舰队中服役。

1916年4月29日，第3战列舰分舰队被调至希尔内斯，并被调离大舰队，舰队在爱尔兰海域一直停泊至1917年10月。由于在高危海况条件下，海水会从主装甲带的152毫米火炮炮郭倒灌进舰体内，因此在改造中其舰体两侧的10门152毫米火炮被拆卸，开口被完全封上。

1917年10月，"海伯尼亚"号在查塔姆港退役，之后其成为一艘宿舍船。1918年9月，著名海军将领戴维·贝蒂要求为大舰队提供一艘靶舰，最好是一艘与敌人主力舰相仿的战列舰。"海伯尼亚"号在这种情况下被改造成一艘靶舰，不过后来前无畏舰"阿伽门农"号被指定为靶舰，"海伯尼亚"号因此免于葬身于己方火炮之下。

1919年7月，"海伯尼亚"号的名字出现在查塔姆港的处理名单上。1921年11月8日，史丹利拆船公司将其买下，后来辗转卖给一家德国公司并在1922年11月拖往德国拆解。

"阿非利加"号（HMS Africa）

"阿非利加"号由查塔姆造船厂建造，该舰于1904年1月27日动工，1905年5月20日下水，造价142万英镑。1906年11月6日，完成海试的"阿非利加"号在查塔姆港加入大西洋舰队。1907年3月4日，"阿非利加"号加入海峡舰队，当月的23号，其与商船"霍尔木兹"号（SS Ormuz）相撞，但只是受了轻微损坏。

1908年6月，"阿非利加"号加入本土舰队的诺尔分舰队。1909年4月，其转入本土舰队下的第2战列舰分舰队服役。1911年4月25日，"阿非利加"号加入第3和第4分舰队，在查塔姆成为海军中将威廉姆·亨瑞·梅（William Henry May）的旗舰。7月24日，"英王爱德华七世"号取代了它的位置。11月，其在诺尔港转入储备，舰上只留了很少的人员。

1912年1月，"阿非利加"号在希尔内斯参加了舰上起飞飞机的实验。为了能让飞机顺利起飞，"阿非利加"号在其甲板上搭起了一个长30米的倾斜跑道。为了测试跑道的稳定性和坚固性，"阿非利加"号的船员们在跑道上又蹦又跳。1912年1月10日，在梅德韦河的锚地中，查理斯·萨姆森中尉驾驶一架S.27双翼飞机从"阿非利加"号前部的跑道上起飞，这是人类历史上第一次从海面上起飞飞机。起飞之后，萨姆森中尉驾驶飞机试图在"阿非利加"号上降落，当飞机低空掠过军舰时，舰上的官兵们发出阵阵欢呼声。尽管进行了多次尝试，但是飞机无法在军舰上降落，萨姆森中尉最终驾驶飞机在附近的机场上降落。5月，在进行了几次实验后，"阿非利加"号将舰上的设备转移到姐妹舰"海伯尼亚"号上。在"阿非利加"号及其他几艘军舰上进行的飞机起飞实验具有跨时代的意义，飞行部队在1917年成为皇家海军中的重要组成部分。

▲ 海面上的"阿非利加"号，可以清楚地看到舷侧的234毫米二级主炮。

1912年5月，皇家海军再次进行重组，"阿非利加"号与其他"英王爱德华七世"级战列舰都被编入了本土舰队第1分舰队的第3战列舰分舰队之中（"阿非利加"号在第3分舰队中的服役历史参见"英王爱德华七世"号服役简介）。在之后的舰队内调整中，"英王爱德华七世"级与更具战斗力的无畏舰区分开来，它们的任务是保护无畏舰不受水雷攻击，并且在海战中首先开火。

1916年8月，"阿非利加"号开始在朴茨茅斯港进行维修，当9月维修结束后，其离开第3战列舰分舰队前往亚得里亚海，在那里它将支援参战不久的意大利以对抗奥匈帝国的海军力量。1917年1月，"阿非利加"号离开亚得里亚海前往直布罗陀进行维修，为了避免在恶劣的海况条件下位于舰体装甲带的炮郭进水，其位于舰体装甲带上的152毫米火炮全部被拆卸。

当1917年3月维修完成后，"阿非利加"号加入了第9巡洋舰分舰队在大西洋上执行巡逻和护航任务。其基地位于塞拉利昂，任务是为塞拉利昂至南开普敦之间航行的商船提供护航。1917年12月至1918年1月，"阿非利加"号在巴西的里约热内卢进行维修。

1918年9月，当停泊在塞拉利昂时，"阿非利加"号上的部分船员生病。病情蔓延得很快，患病者的数量几乎每天都在翻倍。至9月9日，共有476名船员生病。也就是在9月9日这一天，一名船员因为肺炎死亡，到12日又有4人死亡。仅仅一天之后的13日，又有8人死亡。面对无法控制的疫情，海军方面决定将所有船员转移到陆地上，然后将军舰隔离封存。至9月30日，800名船员中共有52人死亡或者无法工作。

第一次世界大战结束后，"阿非利加"号成为第9巡洋舰分舰队的补给船和住宿船。1919年12月，海军方面原计划将其作为朴茨茅斯的一艘训练舰，但是后来计划被取消。1920年3月，"阿非利加"号的名字出现在出售名单中。6月30日，它被卖给埃利斯公司（Ellis & Company）后前往纽卡斯尔接受拆解。

"不列颠尼亚"号（HMS Britannia）

"不列颠尼亚"号由朴茨茅斯造船厂建造，该舰于1904年2月4日动工，1904年12月10日下水，造价140万英镑。1906年10月2日，完成海试的"不列颠尼亚"号在朴茨茅斯港加入大西洋舰队。1907年3月4日，"不列颠尼亚"号转入海峡舰队服役。1909年舰队重组，"不列颠尼亚"号被编入了本土舰队第2战列舰分舰队中，并成为旗舰。1909至1910年，"不列颠尼亚"号在朴茨茅斯造船厂接受维修。1910年7月14日，其与一艘双桅帆船相撞，不过只受到了轻微的损坏。

1912年5月皇家海军再次进行重组，"不

▲ 航行中的"不列颠尼亚"号战列舰，舰艏两个船锚已经被收起来。

列颠尼亚"号与其他"英王爱德华七世"级战列舰都被编入了本土舰队第1分舰队的第3战列舰分舰队之中（"不列颠尼亚"号在第3战列舰分舰队中的服役历史参见"英王爱德华七世"号服役简介）。在之后的大舰队内调整中，"英王爱德华七世"级与更具战斗力的无畏舰区分开来，它们的任务是保护无畏舰不受水雷攻击，并且在海战中首先开火。

1916年4月29日，第3战列舰分舰队进入希尔内斯港。5月3日，分舰队从大舰队中调离，听从诺尔地区的指挥，此时"不列颠尼亚"号仍然在第3战列舰分舰队。8月，"不列颠尼亚"号开始在朴茨茅斯造船厂接受维修，之后其被调离第3战列舰分舰队，加入第2独立中队。在这之后，"不列颠尼亚"号前往亚得里亚海以支援意大利海军对抗奥匈帝国海军。

1917年2至3月，"不列颠尼亚"号在直布罗陀接受维修改造。1917年3月维修完成后，

▲ 停泊在海面上的"不列颠尼亚"号，可以看到前主桅上高高的观察塔。

"不列颠尼亚"号加入了第9巡洋舰分舰队并在大西洋上执行巡逻和护航任务。"不列颠尼亚"号的基地位于塞拉利昂，其代替了"阿尔佛雷德国王"号（HMS King Alfred）装甲巡洋舰成为第9巡洋舰分舰队的旗舰。5月，"不列颠尼亚"号前往百慕大进行维修改造，改造中其舰体装甲带上的10门152毫米火炮被拆卸。

1918年11月9日早晨,"不列颠尼亚"号在舰长弗兰西斯·考菲尔德（Francis F. Caulfield）的指挥下经过直布罗陀海峡西面的航道。当其经过特拉法尔加角时,德国潜艇UB-50号对其进行了鱼雷攻击。当第一枚鱼雷在左舷爆炸后,军舰向左倾斜了10度。不久之后,第二枚鱼雷在左舷处爆炸,并且点燃了234毫米火炮的弹药库。在一片混乱中,船员们最终找到了阀门并且向弹药库内注水,这避免了可能发生的弹药库爆炸。左舷倾斜的"不列颠尼亚"号在沉没之前又航行了两个半小时。在"不列颠尼亚"号遭到攻击过程中,共有50人死亡、80人受伤,其他的39名军官和673名水兵获救。在"不列颠尼亚"号沉没两天后的11月11日,德国签署了投降协议,它也因此成为战争中最后一艘被击沉的英国战列舰。

威廉·怀特爵士小传

威廉·亨利·怀特生于1845年2月2日,出生地是英格兰德文郡的普利茅斯。1859年,年仅14岁的怀特进入德文波特港的海军造船厂成为一名学徒。由于怀特在造船厂中表现出优异的品质,造船厂选中他进入皇家海军造船学校（Royal School of Naval Architecture）学习进修,这座学校位于伦敦的南肯辛顿。在学校学习期间,怀特表现出在船舶设计和建造方面的天赋,他在校期间曾经多次获得奖学金。

毕业之后,怀特进入英国海军部作为造船官员,负责对舰艇规格记录和计算审计。后来,怀特成为海军部建造局局长爱德华·里德的秘书。在海军部的工作虽然让怀特结识了不少海军人员,但是枯燥的工作已经偏离了他的专业,于是他在1870年7月9日辞去了在海军部的职务。

辞职后的怀特成为皇家海军造船学校设计部的指导员。1872年,怀特成为皇家海军船舶建造工程监督委员会的干事。在1872至1873年间,他一直奔波在彭布罗克和朴茨茅斯两地的海军造船厂中。1875年3月,怀特成为助理建造师,并在这一年年底结婚。也就是在1875年,怀特出版了他的第一本关于海军舰船建造的专著。

1883年,怀特辞去了之前的职务,然后进入著名的威廉姆·阿姆斯特朗公司任职。在阿姆斯特朗公司,怀特成为军舰建造部经理并主持新型舰船的设计,他设计了一生中第一艘军舰——智利防护巡洋舰"埃斯梅拉达"号,之后他又设计出了多艘性能优秀的舰艇,其中就包括著名的"致远"号和"吉野"号。

1885年8月1日,怀特回到海军部并成为皇家海军工程总监及财务总监助理。40岁那年,怀特接替了纳撒尼尔·巴纳比成为海军造舰局长。上任之后,怀特迎来了建造局和技术局等部门的重组,之后他便主持设计了在

◀ 前无畏舰时代伟大的舰艇设计师威廉·亨利·怀特爵士。

▲ 怀特设计的第一艘军舰智利防护巡洋舰"埃斯梅拉达"号。

▲ 皇家游艇"维多利亚和阿尔伯特"号。

前无畏舰时代具有革命性意义的"君权"级战列舰。在担任海军建造局局长16年的时间里,怀特一共设计了10个级别43艘战列舰,26艘装甲巡洋舰、102艘防护巡洋舰和74艘轻型战舰,这些军舰总计245艘,价值8000万英镑。基于怀特为英国做出的卓越贡献,其在1895年被封为爵士。

1901年,由怀特主持设计的皇家游艇"维多利亚和阿尔伯特"号(HMY Victoria and Albert)由于配重问题在下水不久便发生了倾覆,这在当时被看做是一件非常丢脸的事件。尽管海军方面极力为怀特辩护,但是来自议会的指责还是令他压力剧增。在来自各方的责备声中，怀特最后病倒了，当他痊愈后开始变得谨小慎微、小心翼翼，甚至有点神经过敏。"维多利亚和阿尔伯特"号倾覆事件之后，怀特变得一蹶不振，他最终于1902年1月13日辞职。

退休后的怀特并没有闲着，他成为著名的班轮"毛里塔尼亚"号（RMS Mauretania）的设计顾问，之后又成为土木工程师协会、机械工程师学会和船舶工程师学会的主席。1907年，怀特开始担任帝国学院的主管。1909至1910年，他成为皇家艺术学会主席。除了退休后获得的职位和荣誉，怀特获得的荣誉还有：1888年6月，成为皇家学会会员；1894年，成为苏格兰工程师和造船学会的荣誉会员；1900年，成为瑞典皇家科学院会员。

1913年2月27日，怀特在伦敦去世，享年68岁。纵观怀特的一生，他与大海和皇家海军紧密联系在一起，正是他的大胆设计确立了近代战列舰的外形，同时提升了战列舰的战斗力。怀特设计的战列舰在技术水平提高的同时又保持了惊人的建造数量，使得皇家海军保持了对其他海军强国的优势。可以说，是一大批性能优异的前无畏舰撑起了前无畏舰时代大英帝国的坚强脊梁，而这根脊梁正是出自怀特之手。

▲ 越洋班轮"毛里塔尼亚"号。

"纳尔逊勋爵"级（Lord Nelson class）

"英王爱德华七世"级战列舰是英国建造的第一种安装有二级主炮的战列舰，尽管多种口径的火炮在实际使用中带来了很多问题，但是皇家海军对其总体性能表示满意，并开始建造后续级别的战列舰。设计师菲利普·沃茨爵士（Philip Watts）在"英王爱德华七世"级的基础上开始了新一级战列舰的设计。针对于之前战列舰上安装的152毫米火炮严重影响了航行性能，沃茨决定不再安装这种火炮，取而代之的是增加小口径舰炮的数量。副炮减少的同时，沃茨增加了234毫米二级主炮的数量，以此来提高军舰对敌方主力舰和装甲巡洋舰的打击能力。基于以上的修改，英国在前无畏舰时代建造的最后一个级别——"纳尔逊勋爵"级诞生了。

"纳尔逊勋爵"级由菲利普·沃茨设计，舰长135.18米，舰宽24.23米，吃水8米，标准排水量15604吨，满载排水量18106吨。

在武器系统上，"纳尔逊勋爵"级采用了前无畏舰时代的最强配置，包括：4门305毫米一级主炮，这些火炮以2门为一组安装在前后两座位于中轴线的装甲炮塔内，火炮型号为45倍口径的Mark X火炮；10门234毫米二级主炮，与之前的"英王爱德华七世"级相比，"纳尔逊勋爵"级的二级主炮数量成倍增加，这10门主炮位于4座双联装装甲炮塔和2座单联装装甲炮塔内，其中4个双联装炮塔位于舰体中部两侧，单联装炮塔在每侧的双联装炮塔中间；24门76毫米速射炮，这些76毫米炮全部位于上层建筑内；2门47毫米火炮；除了火炮，"纳尔逊勋爵"级上有5具450毫米鱼雷发射管。

在装甲布局上，"纳尔逊勋爵"级的防护更好更全面，其位于舷侧的装甲带保护着舰身，装甲厚203至305毫米，隔舱装甲厚203毫米，指挥塔装甲厚305毫米。"纳尔逊勋爵"级全防护炮塔采用了非常好的防弹外形，炮塔正面、侧面和后面装甲厚305毫米，炮塔基座装甲厚305毫米。二级主炮炮塔的装甲厚度在127至203毫米之间。除了主炮部分的装甲防护，"纳尔逊勋爵"级的甲板装甲厚度在25.4至102毫米之间。相比装甲经过整体强化的"英王爱德华七世"级战列舰，"纳尔逊勋爵"级的装甲防御再次提高，它成为超无畏舰时代到来之前皇家海军中装甲最厚的战列舰。

在动力方面，"纳尔逊勋爵"级安装了15座水管锅炉，锅炉上安装了重油燃烧装置。油煤混烧技术使得"纳尔逊勋爵"级的输出功率达到了16700马力，最高航速超过18节。"纳尔逊勋爵"级的载煤量约2200吨，载油量1000吨，其续航能力比"英王爱德华七世"级战列舰出色的多，在10节航速时能够持续航行9180海里。

1905年5月18日，"纳尔逊勋爵"级的首舰"纳尔逊勋爵"号战列舰在朴茨茅斯造船厂开工建造，该级的"阿伽门农"号在威廉·比尔摩尔公司建造。两艘"纳尔逊勋爵"级战列舰都在1906至1908年间下水并服役。服役之后，两艘"纳尔逊勋爵"级战列舰都被编入本土舰队直到第一次世界大战爆发。战争爆发后，"纳尔逊勋爵"级被编入海峡舰队，之后它们进入地中海参加了达达尼尔海峡战役，后来又参加了对"戈本"号战列巡洋舰的封锁。直到一战结束，两艘"纳尔逊勋爵"级才离开达达尼尔海峡，两艘军舰最终在20年代被拆解。

在"英王爱德华七世"级基础上诞生的"纳尔逊勋爵"级绝对是英国前无畏舰时代的最高成就,其安装的大量二级主炮极大提高了火力,当其以一侧火炮射击时,可以发挥4门305毫米一级主炮和5门234毫米二级主炮的强大火力。在面对其他国家的战列舰时,拥有明显占有优势的火力。"纳尔逊勋爵"级是前无畏舰时代的登峰造极之作,但却有点生不逢时,其比具有跨时代革命性意义的全装重型火炮战列舰"无畏"号早开工建造,但服役时间却比"无畏"号晚了半年,因此可以说是一服役就过时了。尽管如此,在"纳尔逊勋爵"级采用的一些先进设计被用在了"无畏"号上,所以两者还是有一定的渊源。作为皇家海军最后一级前无畏战列舰,"纳尔逊勋爵"级为前无畏舰时代画上了一个完满的句号,之后英国将引领各国进入诗史般的无畏舰时代。

"纳尔逊勋爵"级战列舰一览表

舰名	译名	建造船厂	开工日期	下水日期	服役日期	命运
HMS Lord Nelson	纳尔逊勋爵	朴茨茅斯造船厂	1905.5.18	1906.9.4	1908.12.1	1919年5月退役,1920年6月4日出售拆解
HMS Agamemnon	阿伽门农	威廉·比尔摩尔公司	1905.5.15	1906.6.23	1908.6.25	1919年3月20日退役,1927年1月24日出售拆解

基本技术性能	
基本尺寸	舰长135.18米,舰宽24.23米,吃水8米
排水量	标准15604吨 / 满载18106吨
最大航速	18节
动力配置	15座水管锅炉,4座立式膨胀式蒸汽机,16750马力
武器配置	4×305毫米火炮,10×234毫米火炮,24×76毫米火炮,2×47毫米火炮,5×450毫米鱼雷发射管
人员编制	750名官兵

"纳尔逊勋爵"号(HMS Lord Nelson)

"纳尔逊勋爵"号由朴茨茅斯造船厂建造,该舰于1905年5月18日动工,1906年9月4日下水,造价165万英镑。1908年12月1日,完成海试的"纳尔逊勋爵"号在查塔姆港加入本土舰队的诺尔分舰队,但是其只有基本船员。1909年1月5日,"纳尔逊勋爵"号正式服役并替代了"尊严"级的"宏伟"号成为诺尔分舰队的旗舰。4月,"纳尔逊勋爵"号进入本土舰队的第1战列舰分舰队。1912年5月，"纳尔逊勋爵"号成为第2战列舰分舰队的一员，1913年9月，"纳尔逊勋爵"号暂时被调入第4战列舰分舰队服役。1914年4月，其替代了"女王"号战列舰成为海峡舰队的旗舰。

当1914年7月，第一次世界大战爆发后，"纳尔逊勋爵"号依然是驻扎在波特兰的海峡舰队的旗舰。与其他皇家海军战舰一起，"纳尔逊勋爵"号参加了护送英国远征军前往法国参战的行动。11月14日，"纳尔逊勋爵"号前往希尔内斯保护英国海岸线。12月30日，"纳尔逊勋爵"号返回波特兰港并在英吉利海峡执行巡逻任务直到1915年2月。

1915年2月，"纳尔逊勋爵"号接到命令前往达达尼尔海峡参加达达尼尔海峡战役。2月18日，"纳尔逊勋爵"号离开波特兰并于2月26日在德洛斯加入英国达达尼尔海峡舰队。3月初，"纳尔逊勋爵"号参加了对土军阵地的炮击，其在登陆作战初期还有力地支援了陆军。面对英国舰队的炮击，土耳其人进行了还击，有数枚炮弹击中过"纳尔逊勋爵"号，其中甚至还有石头炮弹。后来，这枚石头炮弹被舰队指挥官亚瑟·贝克（Arthur Baker）收藏起来。土军的还击造成了"纳尔逊勋爵"号上层建筑和锁具的损坏，其中一枚炮弹甚至贯穿了其水线之下的舰体，海水淹没了两座锅炉。受损的"纳尔逊勋爵"号前往马耳他进行维修，维修结束后其立即返回前线并成为3月18日对土军防线进行炮击的主力。

在第二次克里希亚战役中的1915年5月12日，"纳尔逊勋爵"号代替了"伊丽莎白女王"号成为达达尼尔海峡舰队的旗舰，之后它炮击了土耳其的加利波利。借助升起的观测气球，"纳尔逊勋爵"号的炮火给对手造成了重大杀伤。在战役中，战役指挥基奇纳勋爵将指挥部设在了"纳尔逊勋爵"号上。

当达达尼尔海峡战役于1916年1月结束后，在这片海域的英国海军重组为东地中海分舰队，"纳尔逊勋爵"号担任旗舰。东地中海分舰队的任务包括保护地中海东部的岛屿、支援萨洛尼卡的英国军队并防止被困在黑海的"戈本"号战列巡洋舰和轻巡洋舰"布

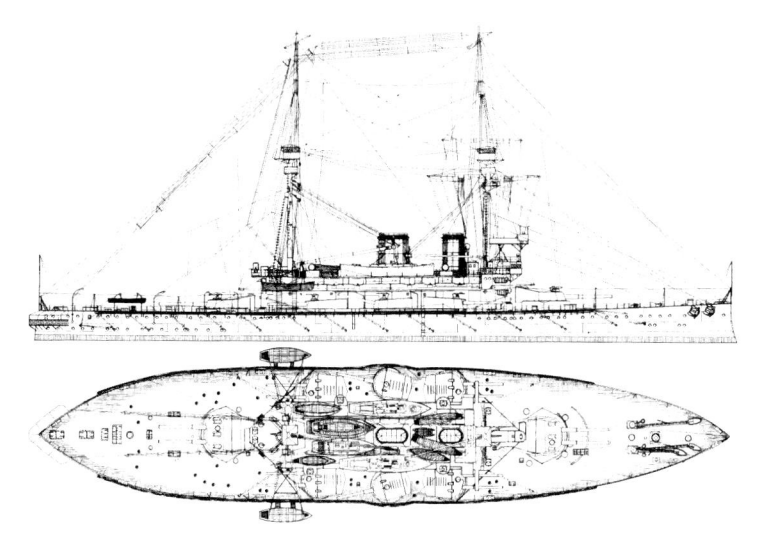

▲ "纳尔逊勋爵"号战列舰的线图，其后面的烟囱明显比前面的要粗。

停泊中的"纳尔逊勋爵"号战列舰。

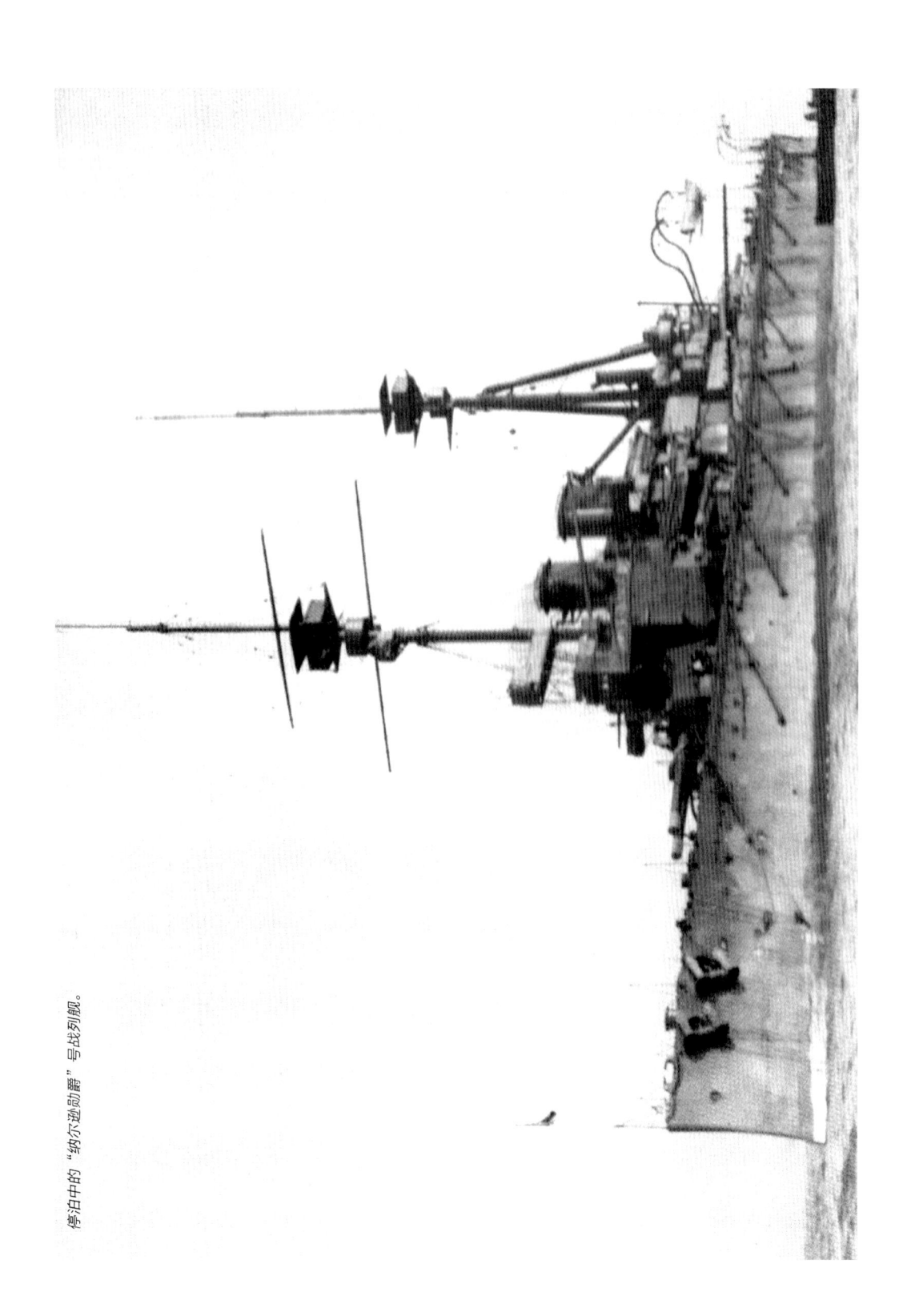

雷斯劳"号进入地中海。此时"纳尔逊勋爵"号的基地为萨洛尼卡和德洛斯,它与姐妹舰"阿伽门农"号交替在这两个港口驻防。

1918年1月12日,海军少将亚瑟·海耶斯-萨德勒(Arthur Hayes-Sadler)在"纳尔逊勋爵"号上升起他的旗帜并成为爱琴海分舰队的新任指挥官。当时在萨洛尼卡举行皇家海军高级军官会议,于是萨德勒乘坐"纳尔逊勋爵"号前往参会。由于包括"纳尔逊勋爵"号在内的大部分战列舰离开了达达尼尔海峡,以"戈本"号为首的土耳其舰队趁此机会杀出并袭击了位于巴勒斯坦海域的英法舰队。等"纳尔逊勋爵"号匆匆赶到时,"戈本"号已经返回达达尼尔海峡了。1918年10月,"纳尔逊勋爵"号前往马耳他进行维修。

当第一次世界大战结束后,"纳尔逊勋爵"号于1918年11月通过土耳其的伊斯坦布尔经土耳其海峡进入黑海。俄国革命后,1919年4月,"纳尔逊勋爵"号在俄国海岸接到了尼古拉大公(Grand Duke Nicholas)和彼得大公(Grand Duke Peter),然后将他们安全地送往热那亚。

1919年5月,"纳尔逊勋爵"号返回英国并被储备起来。1920年6月4日,"纳尔逊勋爵"号出现在出售名单中。11月8日,"纳尔逊勋爵"号被史丹利拆船公司买下,之后又被辗转卖给一家德国公司,其最终在1922年1月被拆解。

"阿伽门农"号(HMS Agamemnon)

"阿伽门农"号由威廉·比尔摩尔公司建造,该舰于1905年5月15日动工,1906年6月23日下水,造价165万英镑。1908年6月25日,完成海试的"阿伽门农"号在查塔姆港加入本土舰队的诺尔分舰队。1911年2月11日,"阿伽门农"号在西班牙费罗尔海域触礁,其舰底损坏。1913年,"阿伽门农"号暂时被调入第4战列舰分舰队服役。

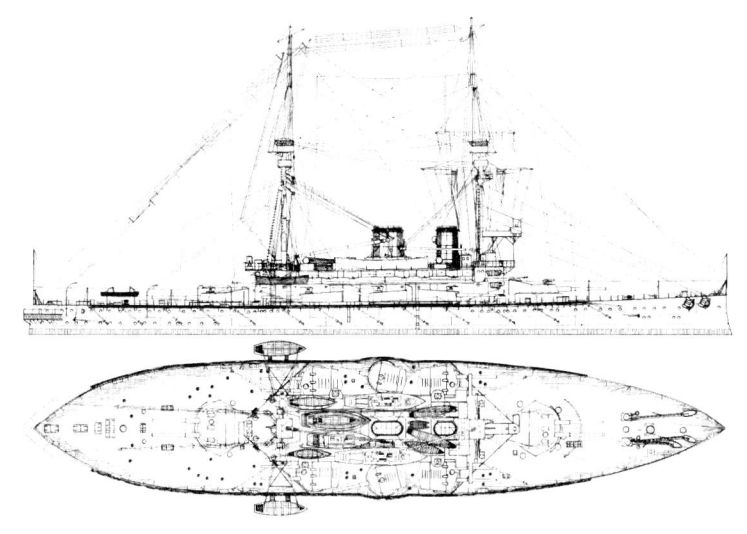

▲ "阿伽门农"号战列舰线图,可以看到舰舷两侧拥挤的二级火炮炮塔。

第一次世界大战爆发后,"阿伽门农"号加入海峡舰队的第5战列舰分舰队,基地位于波特兰。"阿伽门农"号与其他舰艇一起对运载英国远征军的运兵船进行护航。1914年11月14日,"阿伽门农"号前往希尔内斯防御德国可能发动的对英国本土的进攻。

1915年2月,"阿伽门农"号接到命令前往达达尼尔海峡参加达达尼尔海峡战役。"阿伽门农"号于2月9日离开波特兰,19日抵达德洛斯并加入英国达达尼尔海峡舰队。在抵达德洛斯的第二天,"阿伽门农"号就对土军阵地进行了炮击。在2月25日的炮击行动中,"阿伽门农"号遭遇土军的反击,其在10分钟内遭到了7枚240毫米炮弹的攻击,击中水线以下的炮弹造成了3人死亡。

1915年3月4日,"阿伽门农"号支援了联军的登陆行动,6日又再次参加了炮击。3月7日,"阿伽门农"号再次遭到土军火炮的攻击,其被8枚大口径炮弹击中,其中甚至还有一枚356毫米炮弹。356毫米炮弹在"阿伽门农"号舰体后部撕开了一个大洞,破坏了军官住舱和主炮基座。在这一天的战斗中,尽管上层建筑遭到损坏,但是"阿伽门农"号的动力系统并没有受损。

▲ 与其他前无畏舰停泊在海面上的"阿伽门农"号战列舰,它们代表了皇家海军在前无畏舰时代的最强力量。

▼ "阿伽门农"号战列舰的侧身照,其中部的上层建筑还是比较集中的。

1915年3月18日，"阿伽门农"号再次参加了对达达尼尔海峡土军堡垒的炮击。在炮击中，一个部署有152毫米榴弹炮的土军阵地开始向"阿伽门农"号开炮，它们在25分钟内对军舰造成了12次命中。这12枚152毫米炮弹中的5枚击中了装甲没有造成破坏，其他7枚炮弹击中了没有装甲保护的部分并造成了严重破坏，军舰上一门305毫米主炮失灵。

1915年4月25日，"阿伽门农"号作为第5中队的一员支援了协约国军队的大规模登陆，之后它便配合扫雷舰对达达尼尔海峡附近海域进行扫雷。在此期间，"阿伽门农"号再次遭到土军炮兵的攻击，其在4月28至30日之间又被两枚炮弹击中。尽管受伤，"阿伽门农"号并没有撤退，它继续为陆军部队提供火力支援。在第二次克里希亚战役期间，"阿伽门农"号继续对土军阵地进行炮击。1915年5月，"阿伽门农"号前往马耳他进行维修，其于7月返回达达尼尔海峡。12月2日，"阿伽门农"号与防护巡洋舰"恩底弥翁"号一起炮击了卡瓦克大桥，大桥的毁坏一度切断了土耳其本土与加利波利半岛的联系。

当达达尼尔海峡战役于1916年1月结束后，在这片海域的英国海军重组为东地中海分舰队，"阿伽门农"号成为该舰队中的一员。1917年8月，东地中海分舰队更名为爱琴海分舰队。此时的"阿伽门农"号基地为萨洛尼卡和德洛斯，它与姐妹舰"纳尔逊勋爵"号交替在这两个港口驻防。5月5日，"阿伽门农"号以76毫米炮向德国齐柏林飞艇LZ85号射击并最终致使其迫降。

当1918年1月20日，包括"戈本"号在内的土耳其舰队抓住机会杀出达达尼尔海峡袭击了位于巴勒斯坦海域的英法舰队时，正在德洛斯港内的"阿伽门农"号由于蒸汽动力不足而无法进行支援。1918年的夏天，"阿伽门农"号在马耳他维修。10月30日，土耳其签署了停战协议，当时"阿伽门农"号停泊在爱琴海上的李牧诺斯岛。

根据停战协议，"阿伽门农"号于1918年11月前往伊斯坦布尔。1919年3月，"阿伽门农"号返回英国并在查塔姆造船厂转入储备舰。为了给大舰队提供一艘射击用靶舰，特别是测试381毫米火炮的射击效果，起初海军方面准备把"海伯尼亚"号改造为靶舰，但是后来却以"阿伽门农"号将其替代。被指定为靶舰之后，"阿伽门农"号接受了改造，舰上安装了无线电遥控设备，所有的武器装备和其他设备物资全部被拆卸。由于皇家海军并不打算将其击沉，于是为军舰专门配属了153人，他们的任务是对军舰进行日常维护。

在"阿伽门农"号的改造完成之前，其作为靶舰的生涯就开始了。1921年3月19日，测试人员向军舰释放毒气以评估毒气对军舰的影响，结果发现有毒气体能够穿过各种开口进入舰体内部；9月21日，英军派出飞机对"阿伽门农"号进行扫射，证明来自空中的机枪扫射对战舰战斗力影响不大，但是暴露在外的人员却缺乏保护；在舰对舰方面，"阿伽门农"号被用于测试120毫米、140毫米和152毫米火炮的打击效果，结果表明这些口径的炮弹对军舰上层建筑的破坏效果明显，但是对舰体内的动力和传输系统影响不大。

1926年，无畏舰"百人队长"号作为目标靶舰替代了"阿伽门农"号，它成为当时英国仅存的一艘前无畏战列舰。"阿伽门农"号于1927年1月24日出售，3月1日被拆解。

前无畏舰时代的12英寸舰炮

在整个前无畏舰时代，12英寸火炮成为英国皇家海军战列舰的标配主炮，其换算成毫米口径为304.8毫米火炮，我们一般将其计算为305毫米。在343毫米主炮诞生之前，12英寸舰炮一直是世界上威力最大的战列舰主炮，其在1895至1910年间出现了多个改进型号。

BL 12英寸Mk VIII舰炮

12英寸Mk VIII舰炮由乌尔威奇兵工厂（Woolwich Arsenal）设计，由维克斯公司生产，延伸型号包括Mk VIII、VIIIe和VIIIv。Mk VIII舰炮是12英寸舰炮家族中的第一个成员，它采用了新型无烟火药，并且是皇家海军装备的第一款大口径线膛炮。

12英寸Mk VIII舰炮全长10.8米，重46吨，火炮初速721米/秒，有效射击距离9100米，炮弹重390千克。

Mk VIII舰炮最早被安装在1895年的"尊严"级战列舰上，后来建造的"卡诺珀斯"级上也安装了这种火炮。第一次世界大战中，"尊严"级上的305毫米主炮被安装在重炮舰"克莱夫勋爵"级上。1921至1926年，"尊严"级"辉煌"号的305毫米主炮被拆卸下来并安装在泰恩炮台上。

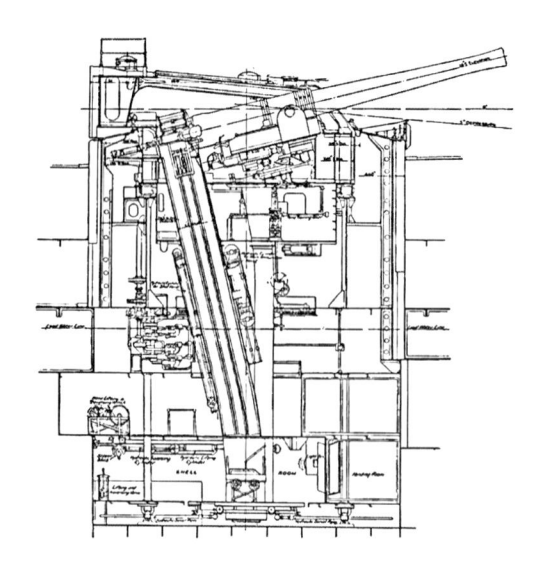

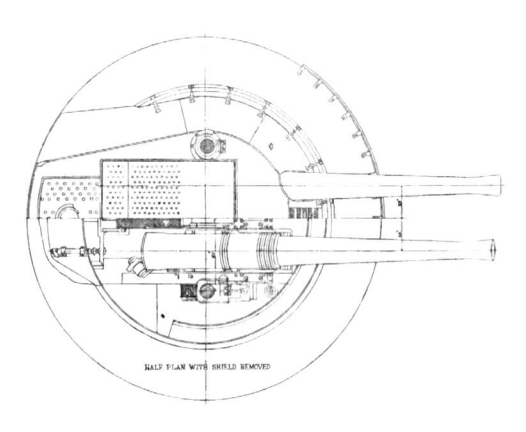

▲ "卡诺珀斯"级的主炮塔细节图，大部分都是在甲板下面的。

▲ "卡诺珀斯"号的12英寸主炮炮管，上面站着一只小山羊。

▲ "汉尼拔"号战列舰的舰艉，可以看到安装了12英寸Mk VIII舰炮的双联装主炮塔。

BL 12英寸Mk IX舰炮

12英寸Mk IX舰炮由著名的阿姆斯特朗公司下的埃尔斯维克军械公司（Elswick Ordnance Company）设计，因此又被称为阿姆斯特朗·惠特沃思12英寸/40舰炮（Armstrong Whitworth 12 inch /40 naval gun）。埃尔斯维克军械公司、乌尔威奇兵工厂和维克斯公司都参加了Mk IX舰炮的生产。

12英寸Mk IX舰炮采用40倍口径，全长12.32米，重49吨，火炮初速796米/秒，有效射击距离14000米，射速1发/分钟。12英寸Mk IX舰炮能够发射普通弹、穿甲弹和高爆弹，炮弹重390千克。

尽管是英国设计的主力舰炮，但是Mk IX舰炮的最早用户却是日本帝国海军。19世纪90年代，日本向英国购买了44门Mk IX舰炮，用于装备其服役中的"富士"级、"敷岛"级、"朝日"号和"三笠"号，这些军舰参加了后来的甲午黄海海战和日俄战争。日本使用的12英寸Mk IX舰炮曾经出现过引信不稳定的问题，但是在关键性的对马海战之前，这些问题就得到了解决。

1898年，"可畏"级首次安装了12英寸Mk IX舰炮，之后的"伦敦"级、"邓肯"级和"英王爱德华七世"级（前5艘）也安装了这种火炮。12英寸Mk IX舰炮成了前无畏舰时代皇家海军战列舰上装备的标准武器。除了战列舰，1920至1932年，英国在3艘M级潜艇上也安装了这种火炮，这使得M级潜艇成为世界上火力最强的水下兵器。在第一次世界大战的西线，曾经有4门12英寸Mk IX舰炮被安装在火车车厢里成为列车炮，它们向对面的德军阵地发射了大量炮弹。

除了日本和英国，阿姆斯特朗公司还将12英寸Mk IX舰炮卖给了意大利，这种火炮曾经安装在意大利的多级战列舰上，其发射重达417千克的重型弹。

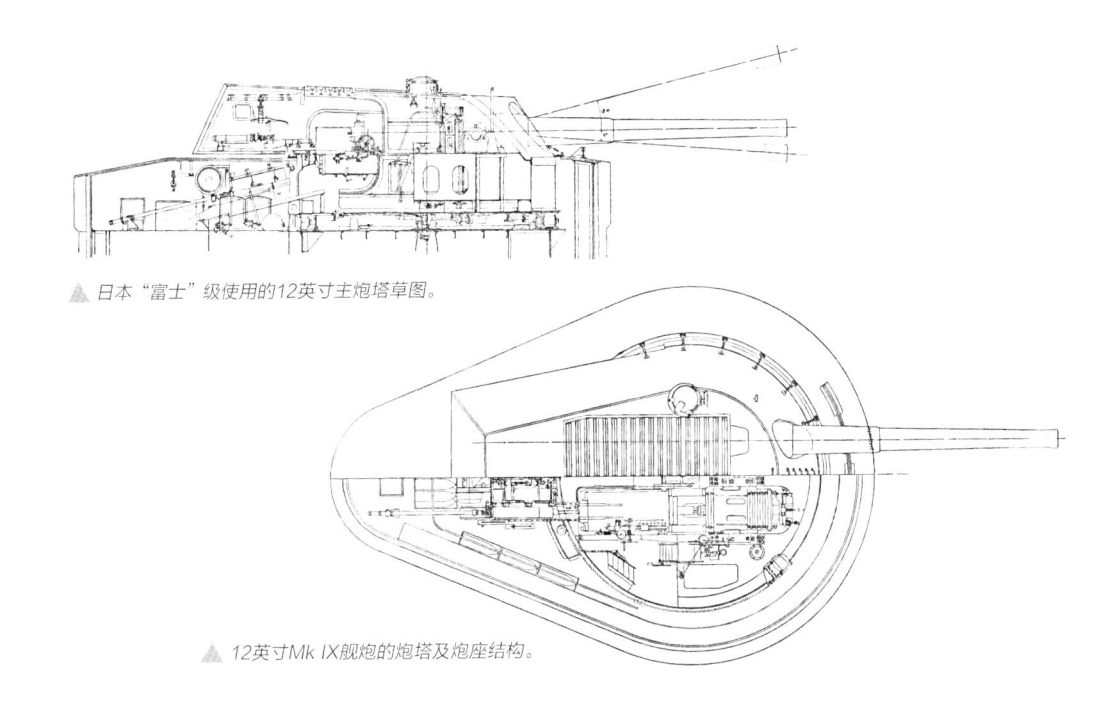

▲ 日本"富士"级使用的12英寸主炮塔草图。

▲ 12英寸Mk IX舰炮的炮塔及炮座结构。

▲ 一门使用12英寸Mk IX舰炮改装的列车炮正在法国阿拉斯附近的铁路线上部署。

BL 12英寸Mk X舰炮

作为前无畏舰时代主力舰炮12英寸Mk IX舰炮，其在威力上还有提升的空间，因此维克斯公司在其基础上加长了炮管长度，增加了炮弹的发射药，研制了12英寸Mk X舰炮。12英寸Mk X舰炮的生产也由维克斯公司完成。

12英寸Mk X舰炮采用45倍口径，全长13.72米，重57吨，火炮初速823米/秒，有效射击距离25000米，射速1发/分钟。12英寸Mk X舰炮能够发射普通弹、穿甲弹和高爆弹，炮弹重385.6千克。

12英寸Mk X舰炮最早安装在"英王爱德华七世"级（后3艘）上，后来的"纳尔逊勋爵"级、"无畏"号及"柏勒洛丰"级战列舰

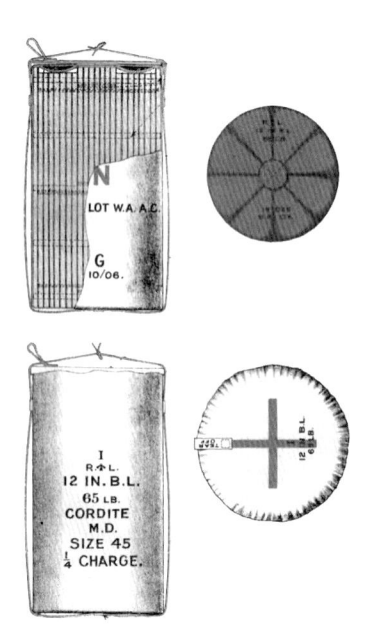

▲ 12英寸Mk IX舰炮使用的65磅Mk I主炮发射药筒。

和"无敌"级、"不倦"级战列巡洋舰上也安装了该型火炮。一战中，部分12英寸Mk X舰炮被部署在比利时海岸上，主要用于对抗德军的重型火炮。在12英寸Mk X舰炮之后，英国又研制了身管长径比达到50倍的12英寸Mk XI和Mk XII舰炮，不过这些火炮都是无畏舰时代的装备了。

▲ 1915年3至5月，在马耳他进行维修的"阿伽门农"号战列舰正在吊装305毫米主炮。

皇家海军舰队重组

作为大英帝国的海上看门人，自从风帆时代，皇家海军就在世界范围内进行部署。到19世纪末20世纪初，除了在本土海域，英国在地中海、东印度、西印度和中国都部署有强大的舰队。到1904年时，英国在本土海域部署了一支由8艘战列舰组成的本土舰队和一支由6艘装甲巡洋舰组成的快速反应舰队；在英吉利海峡部署了一支由8艘战列舰组成的海峡舰队；在中国海域部署了一支由5艘战列舰组成的中国舰队；作为帝国战略重心的地中海舰队共有12艘战列舰。

20世纪初，国力迅速上升的德意志第二帝国开始大力发展海军，其将取代法国成为皇家海军最大的威胁，加强本土海域的防御成了迫在眉睫的事情。1904年，约翰·费舍尔成为英国第一海军大臣，他立即根据英国面临的危机对皇家海军舰队进行重组：从1905年1月1日起，地中海舰队中的4艘战列舰调归本土舰队，得到加强的本土舰队改名为海峡舰队，舰队驻地为多佛尔和波特兰；原海峡舰队改名为大西洋舰队，驻地为直布罗陀。重组之后的海峡舰队包括12艘战列舰，大西洋舰队有8艘战列舰。也是在1905年，中国舰队的战列舰随着英日同盟条约的签订而撤回英国，其中3艘被加强给新组建的本土舰队，另外2艘被拨给海峡舰队和大西洋舰队。从舰队重组中不难看出英国战略重心转移，关注的焦点也从地中海转向了北海。

1905年6月的摩洛哥危机使得德国正式成为英国的主要对手，而曾经对抗几百年的法国一下子变成了英国的朋友。面对在海面上咄咄逼人的德国人，皇家海军在1906年成立了全新的本土舰队，舰队包括了3支战列舰分舰队，分别驻扎在诺尔、朴茨茅斯和德文波特三个港口。除了新成立的本土舰队，大西洋舰队的基地也从直布罗陀移至爱尔兰的比尔黑文，海峡舰队则集中至波特兰。调整之后，在英伦三岛两翼集中了皇家海军当时最强大的舰队——大西洋舰队和本土舰队，它们面对的是实力不断增强的德国舰队。

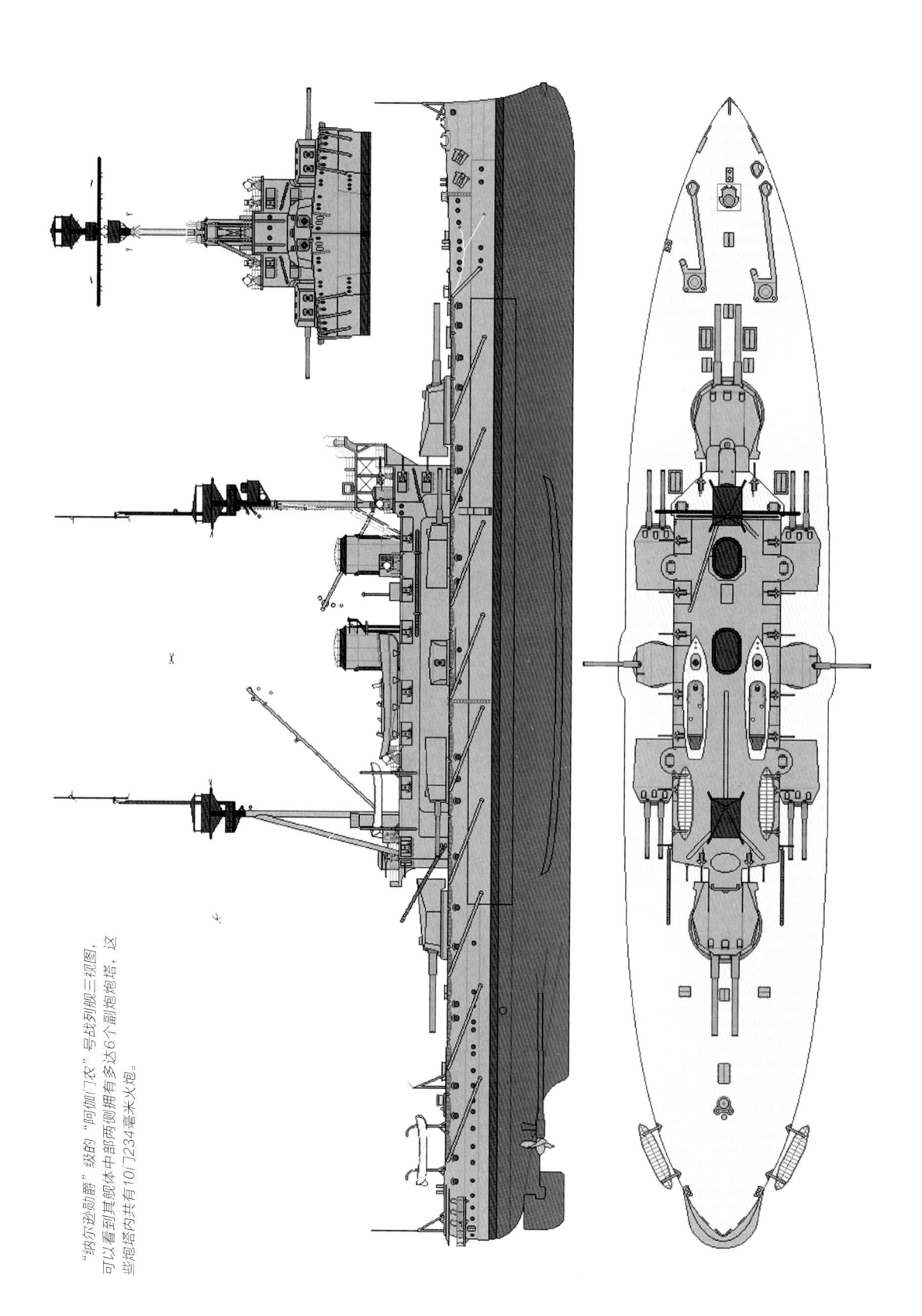

"纳尔逊勋爵"级的"阿伽门农"号战列舰三视图,可以看到其舰体中部两侧拥有多达6个副炮炮塔,这些炮塔内共有10门7234毫米火炮。

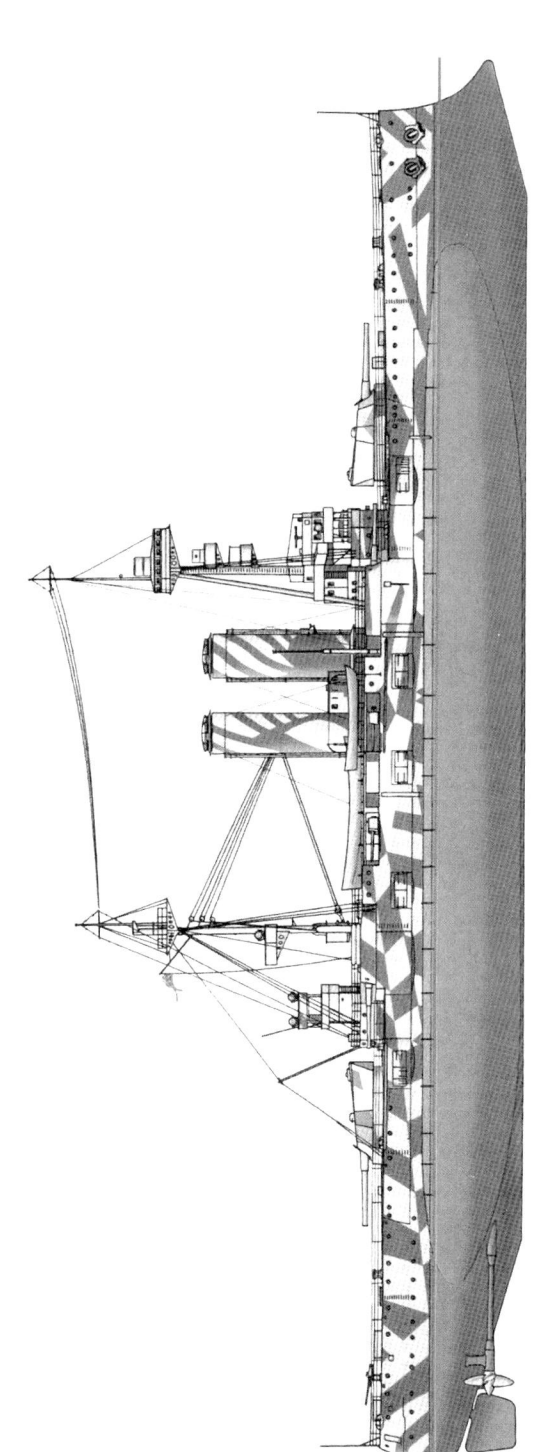

1918年时的"共同体"号战列舰侧视图,其水线以上的舰体和上层建筑采用了非常具有特色的迷彩涂装,这种颜色搭配在海面上有很好的隐蔽效果。

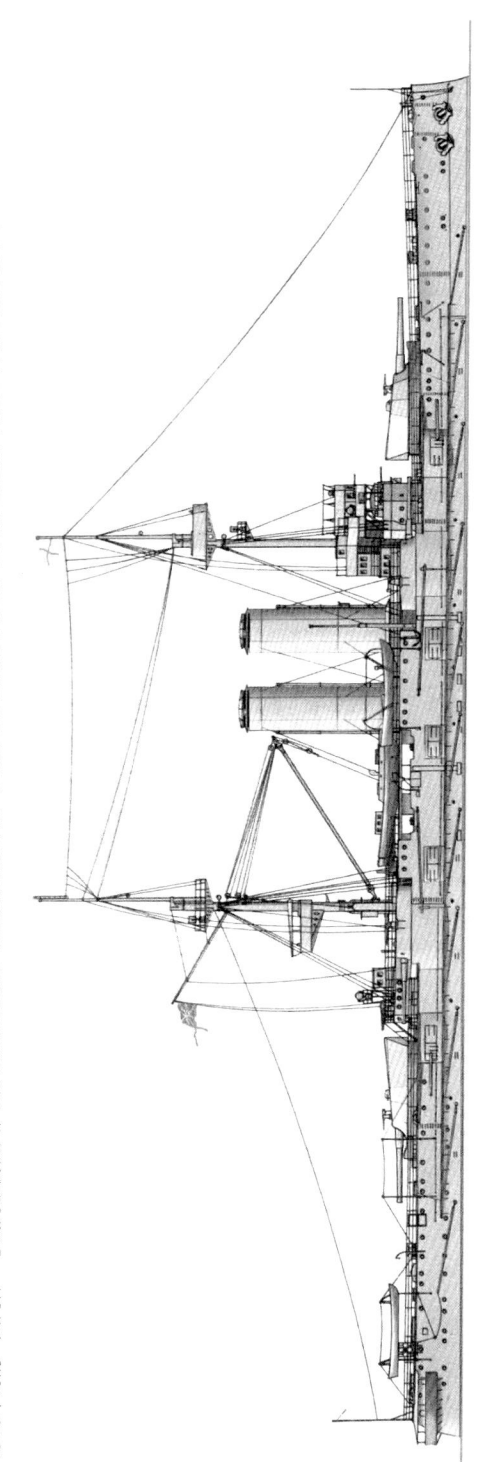

1905年时的"英王爱德华七世"号战列舰水线以上部分的侧视图,可以看到位于舰体中部和舰艉的救生主艇,这些小艇在参战之前都会被移走,这么做是为了安全。

"君权"号的剖面图，用漫画的方式很好表现了这艘战舰内部的结构和舱室结构，在战舰上方则是同时代英国皇家海军装备的其他类型的战舰。

H.M.S. NAUTILUS.

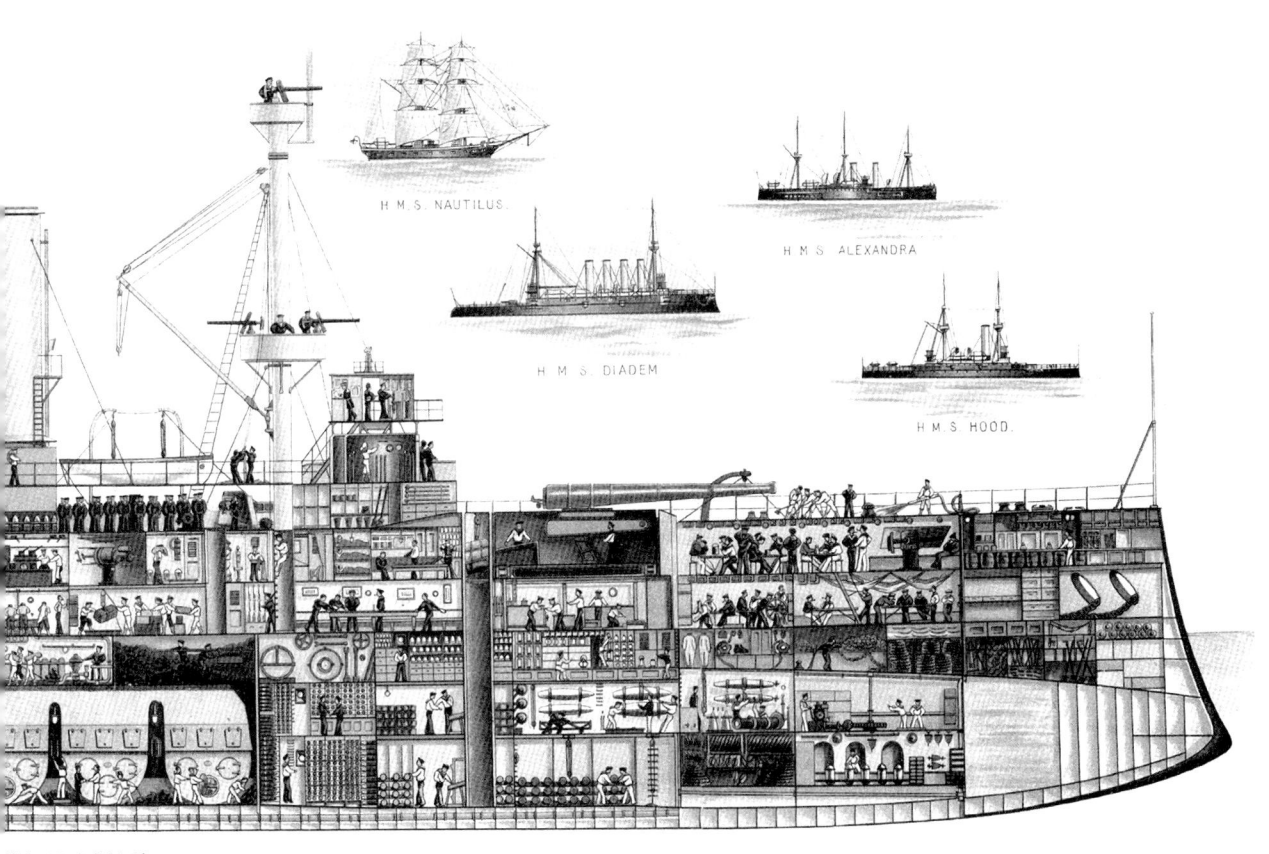

H.M.S. ALEXANDRA

H.M.S. DIADEM

H.M.S. HOOD.

TLESHIP

在地中海上航行的"君权"号战列舰,其舰体上挂着防鱼雷网的支架,后主炮上悬挂着皇家海军的军旗。

在海面上踏浪前行的"君权"号战列舰,其主炮是露天安装的,而并排排列的两根烟囱非常有特色。